U0052282

醫生推薦版

人體大探險

WELCOME
歡迎光臨
人體大探險
WELCOME
人體
大探險
人體大探險
之旅
報名處
TICKET
人體大探險

目次

接下來即將開始 4 段旅程。
大家都準備好了嗎？

人體大探險

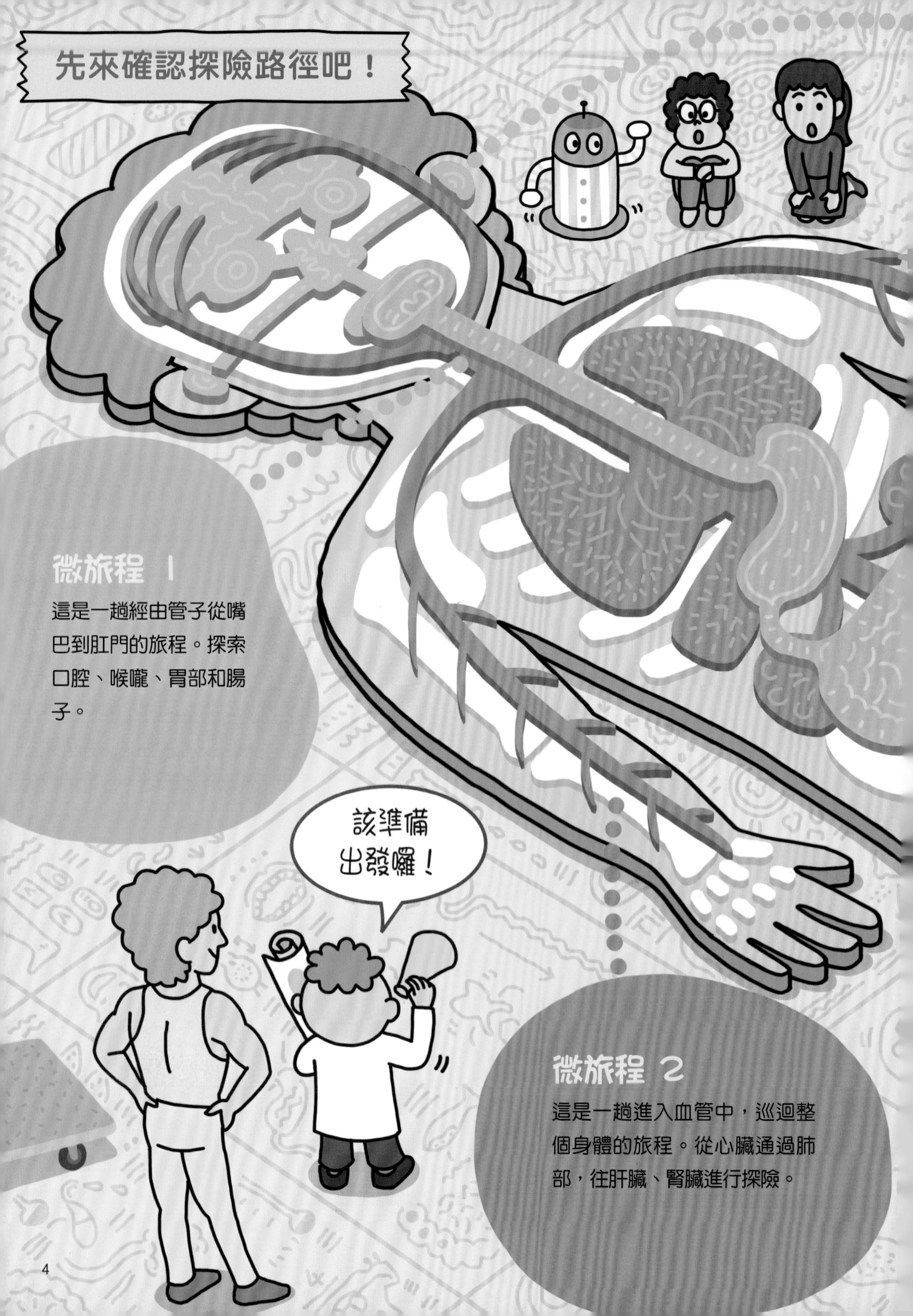
先來確認探險路徑吧！
微旅程 1
這是一趟經由管子從嘴巴到肛門的旅程。探索口腔、喉嚨、胃部和腸子。
該準備出發囉！
微旅程 2
這是一趟進入血管中，巡迴整個身體的旅程。從心臟通過肺部，往肝臟、腎臟進行探險。

微旅程 3

這是一趟巡迴和腦部有密切關係的眼睛、耳朵、鼻子的旅程。用透視照相機好好地觀察腦部吧！

微旅程特別篇

這是用骨骼照相機來觀察全身的骨骼和肌肉之旅。

人體大探險
各位，相信大家一定會對身體的奇妙之處感到驚奇不已喲！

微旅程 1

從嘴巴到肛門的旅程

本單元審定者：
蘇炳睿 醫師

人體的正中央有一條長長的管子通過。嘴巴是入口，肛門是出口。
管子會在身體裡膨脹，或是歪歪扭扭地彎曲，
具有從食物中攝取營養的功能。

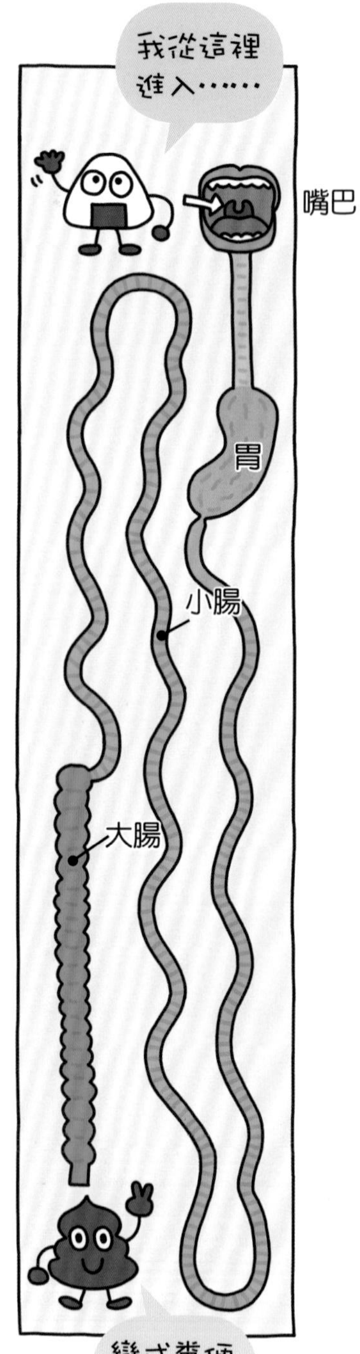
我從這裡
進入……
嘴巴
胃
小腸
大腸
變成糞便
後出來！

那麼，大家準備好了嗎？那就搭乘微膠囊向微世界出發了！
在這邊喲！
嗡嗡～～～
要變小囉！
喀咚
好了！一切順利！大衛，接下來就有勞你了～
好的！

管子的入口・紅色的拱室

口腔

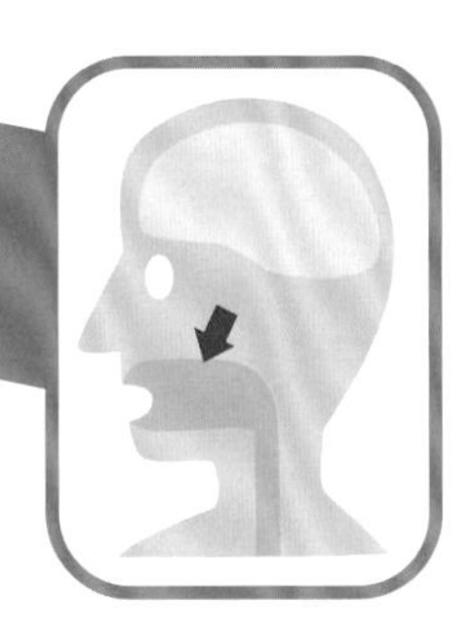

口腔是將食物咬碎、磨碎的地方。經過牙齒嚼碎的食物，
會藉由唾液變得柔軟，被送進喉嚨裡。

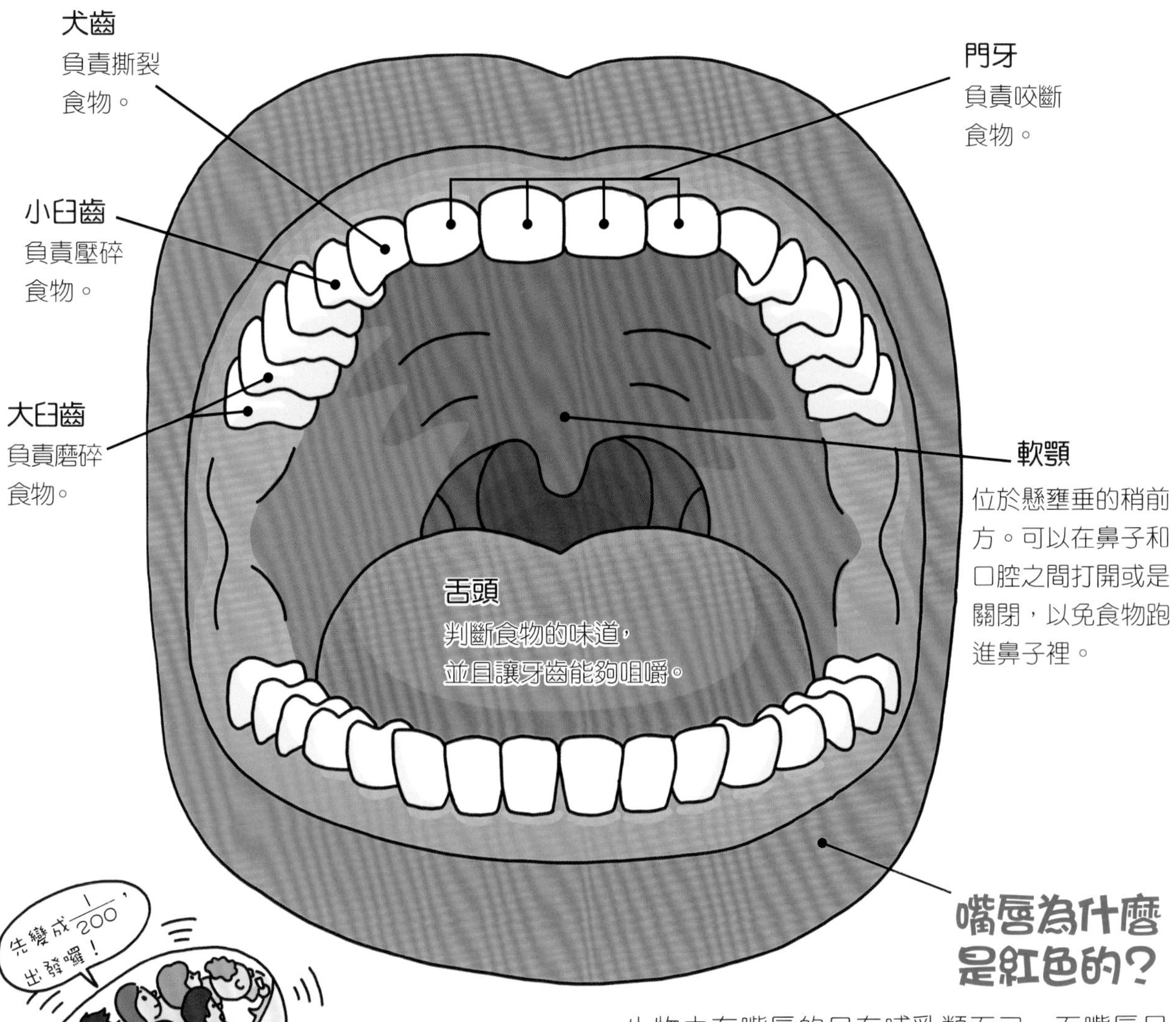

犬齒
負責撕裂食物。
門牙
負責咬斷食物。
小臼齒
負責壓碎食物。
大臼齒
負責磨碎食物。
軟顎
位於懸壅垂的稍前方。可以在鼻子和口腔之間打開或是關閉，以免食物跑進鼻子裡。
舌頭
判斷食物的味道，並且讓牙齒能夠咀嚼。
先變成1/200，出發囉！

嘴唇為什麼是紅色的？

生物中有嘴唇的只有哺乳類而已，而嘴唇呈現紅色的又只有人類而已。人的嘴唇皮膚非常薄，極為柔軟。在這薄薄的皮膚下方，聚集了非常多的微血管，因此會透出紅色。由於我們會先用嘴唇碰觸來確定食物，所以這個部分非常敏感。

滲出～～
哇～！
怎麼了!?

怎麼回事!?
大浪來襲

好像很好吃～
醃梅
滲出～

是唾液的洪水～!!
哎呀～

人體一天會分泌1～1.5公升的唾液！

唾液有讓食物更容易嚥下，以及保持口腔清潔的功能。除此之外，也有分解米飯和麵包等的作用。一天的分泌量為1～1.5公升。越是充分咀嚼，唾液就會分泌越多。分泌唾液對身體有益，所以要充分咀嚼進食哦！

這就是「味蕾」。

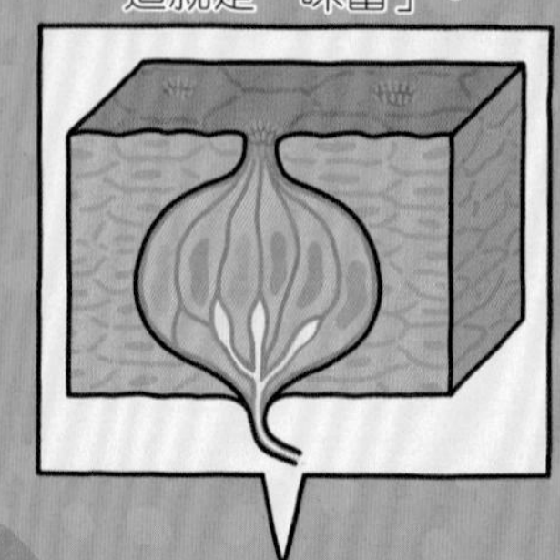

舌頭非常活躍！

舌頭可以感覺味道，並且將食物和唾液混合後，送入喉嚨中。說話的時候也會用到舌頭，如果沒有舌頭，說話這件事將會變得非常困難。

牙齒的表面最堅硬！

牙齒最外側的白色部分稱為「琺瑯質」。只有這裡比鐵還要堅硬，是身體中最堅硬的部分。

牙齒脫落的原理

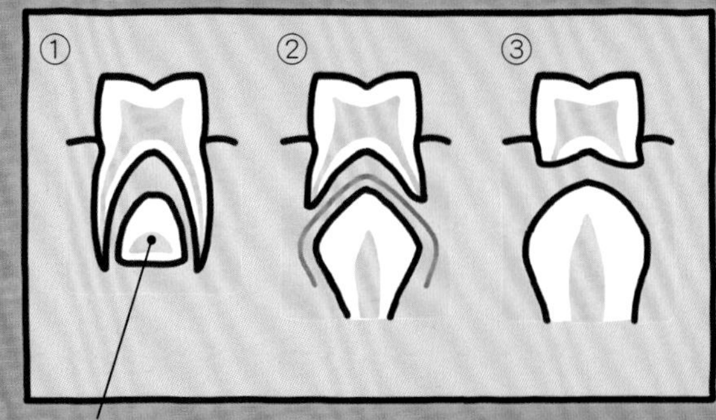
①
②
③

① 恆牙的牙胚形成。
② 從下顎骨中長出溶解乳牙的細胞，溶解牙根。恆牙因為有被包覆住，所以不會溶解。
③ 乳牙的牙根漸漸溶解消失，恆牙開始成長。

我們是如何感覺味道的？

這一顆一顆突起的末端竟然有受器！

在舌頭上有一顆顆的突起物，上面有可以感覺味道的受器，稱為「味蕾」。它們會捕捉溶解在唾液中的「味道成分」，藉此感覺「甜味」、「苦味」等。「味蕾」也存在於喉嚨的深處。

嘿～

魚類其實是老饕!?

魚類也有「味蕾」。在嘴巴周圍、鰓蓋、臉部和胸鰭上都有，可以感知味道，捕捉食物。在混濁的泥水中生活的鯰魚，鬍鬚周圍的「味蕾」特別多，有助於尋找食物。

通往向下蠕動的管子

喉嚨

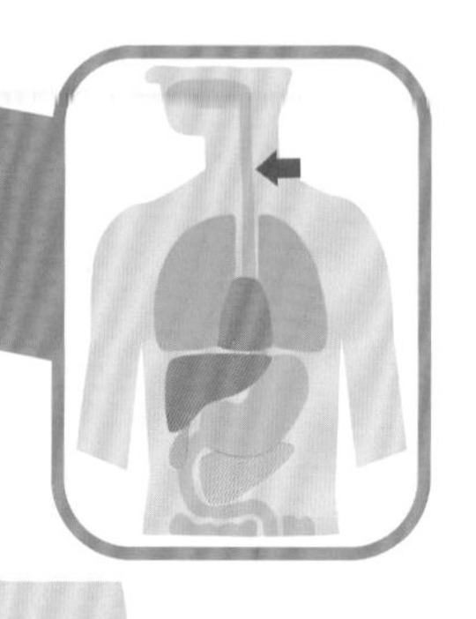

用嘴巴咬碎的食物和唾液混合後，會被送往喉嚨深處，進入食道。食道是像水管一樣的「管子」，入口平常細細地關閉著，只有在食物通過的時候才會打開。

成人的食道有25公分長。
哈囉～
在這裡和氣管相連呢！
食物只花6秒鐘就會進入胃部！
氣管
氣管是空氣通過的管子。末端分成2支，連結2個肺部。長度大約10公分，粗細約像水管一樣。
食道 食物通過的管子。食道的肌肉會朝向胃部蠕動，送入食物。
彎彎曲曲
朝下方不斷蠕動呢！
往「肺部」
哇～!
往「胃部」
橫膈膜

「喉嚨的蓋子」的構造

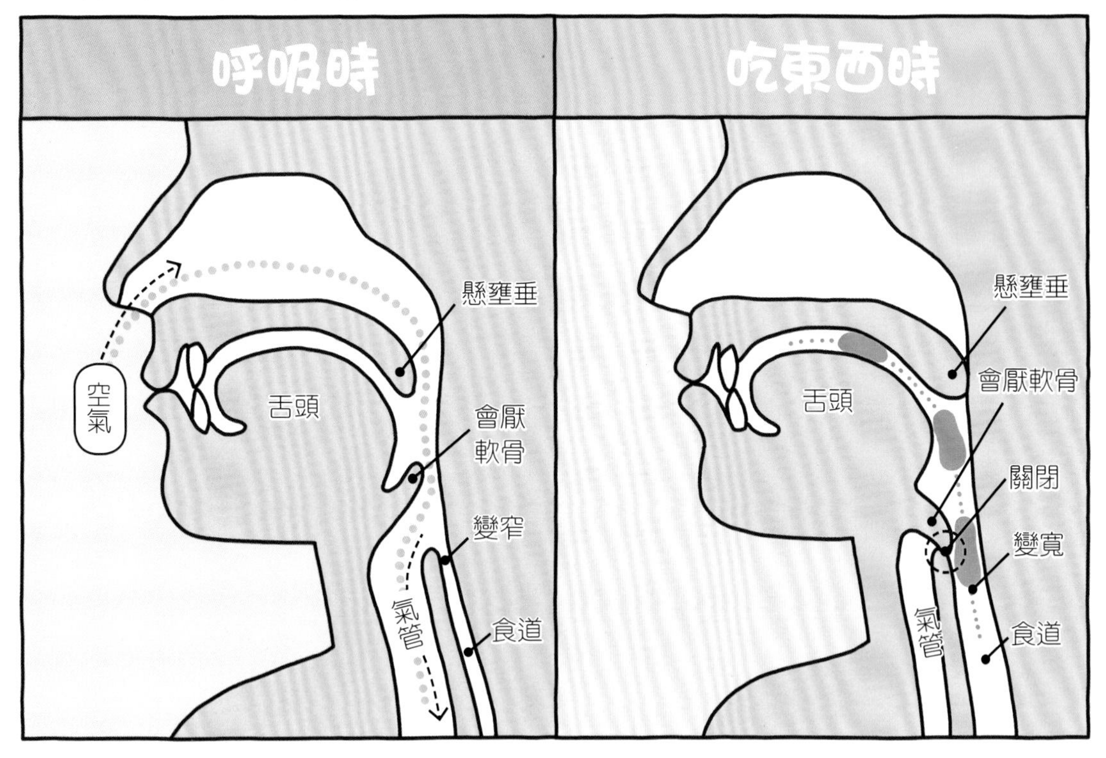
呼吸時
吃東西時
空氣
舌頭
懸壅垂
會厭軟骨
變窄
氣管
食道
舌頭
懸壅垂
會厭軟骨
關閉
變寬
氣管
食道

平常嘴巴空空的時候，食道的入口會變窄而關閉；氣管入口的「會厭軟骨」則是打開的。

有食物通過時，食道的入口會打開，於是避免食物進入氣管的「會厭軟骨」就會關閉。食物通過後，食道又會立刻變細。

倒立也可以喝東西！

MILK
MILK

食道的肌肉是朝向胃部蠕動的，所以就算倒立著，牛奶還是會被送往胃部。而且，由於食道會立刻關閉，所以牛奶不會再回到嘴巴中。

生物的
驚奇報導

鳥類的喉嚨有個「袋子」哦！

鳥類的食道有個「袋子」，稱為「嗉囊」，食物會存積在這裡，然後少量少量地送到胃部。當鳥類吃下很多食物後，喉嚨部分會變得鼓脹，那個地方就是「嗉囊」。

能溶化任何東西的袋子

胃

胃的形狀像個袋子，會分泌胃液，溶化食物。
肉類等蛋白質在胃部溶化後，會變得像稀飯一樣。

哎喲～！
要是掉進這湖裡就會被溶化哦！胃液的強度可是連鐵釘都能溶化的。

胃液是什麼？

就是胃部分泌的又酸又苦的「液體」。只要食物一進入身體就會開始分泌。空腹的時候，裡面只有一點點胃液，但只要食物一進入，就會不斷分泌。胃液的分泌量大約是一天2公升。

MILK
MILK

胃液的作用

胃液有什麼樣的作用？

不只能把肉類溶化掉，還會以連鐵釘都能溶化的力量，殺死附在食物上的黴菌，以及進入體內的病毒。

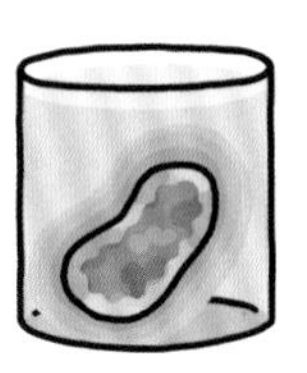

為什麼胃液能溶掉鐵釘，卻不會溶掉胃呢？

先來說明胃液是如何形成的吧！
胃液的原料會從胃的內壁稀稀落落地釋出，當這些原料在胃中互相混合後，才能轉變成可溶化食物或細菌的液體。單有原料是沒有溶化力的。

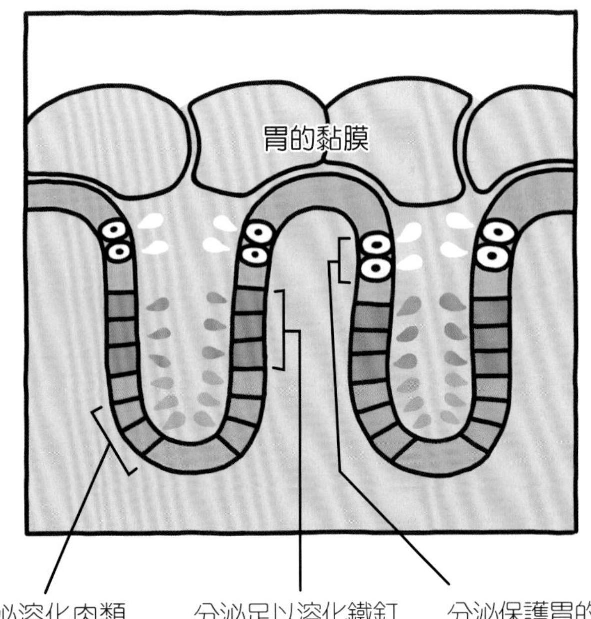

胃的黏膜
分泌溶化肉類的「液體」。
分泌足以溶化鐵釘的強力「液體」。
分泌保護胃的黏液。

足以溶化鐵釘的液體，如果直接和胃接觸，胃也會被溶出孔來。所以，胃的內壁有黏稠的黏液覆蓋著，這些黏液可以保護胃部，避免胃液直接接觸到胃壁。

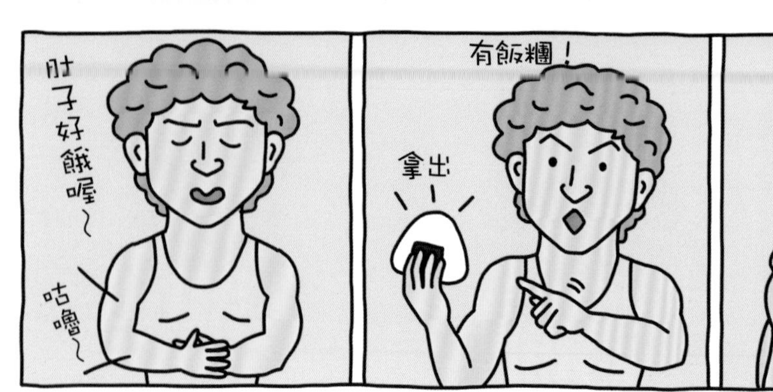
肚子好餓喔～
咕嚕～
有飯糰！
拿出
好好吃哦～
津津有味

嗝呃！

胃會充分蠕動！

為了充分混合食物和胃液，胃會非常努力地蠕動。除了進行好像整個胃袋都在翻騰的蠕動，也會進行像要將內容物攪拌混合般的蠕動，以消化食物。

為什麼會打嗝？

胃裡面會堆積被吞進去的空氣以及從食物中釋出的氣體。當這些氣體增加，推開胃的入口，然後從嘴巴裡跑出來，就是打嗝。

可以膨脹成30倍大！

空腹時的胃大約像拳頭一般大，不過吃飽的話甚至可以膨脹到 30 倍大。胃有很多皺褶，如果把它延展開來，就會變得非常大。

食物要通過胃部，大概要花4個鐘頭的時間。

幽門
胃的出口。當食物變得像粥糜一樣時，這裡就會打開，一點一點地送往十二指腸。

十二指腸
位於腸子開端的部分。

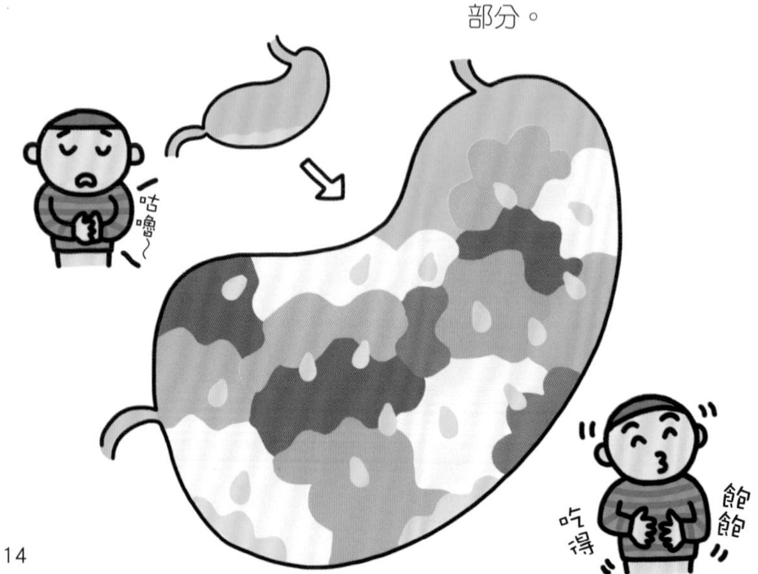
咕嚕～
吃得飽飽

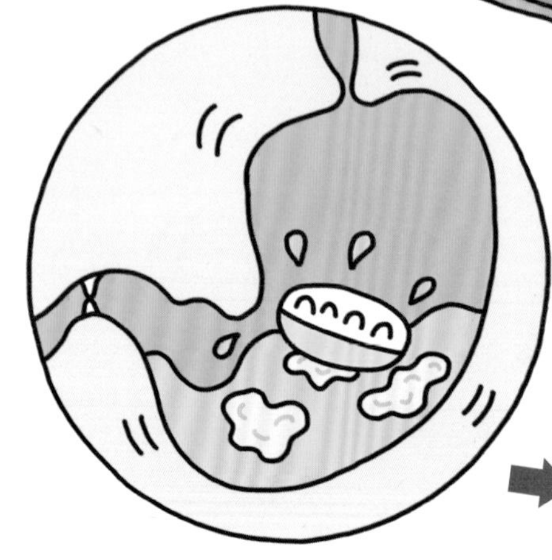

食物進入胃部後，胃就會分泌胃液。

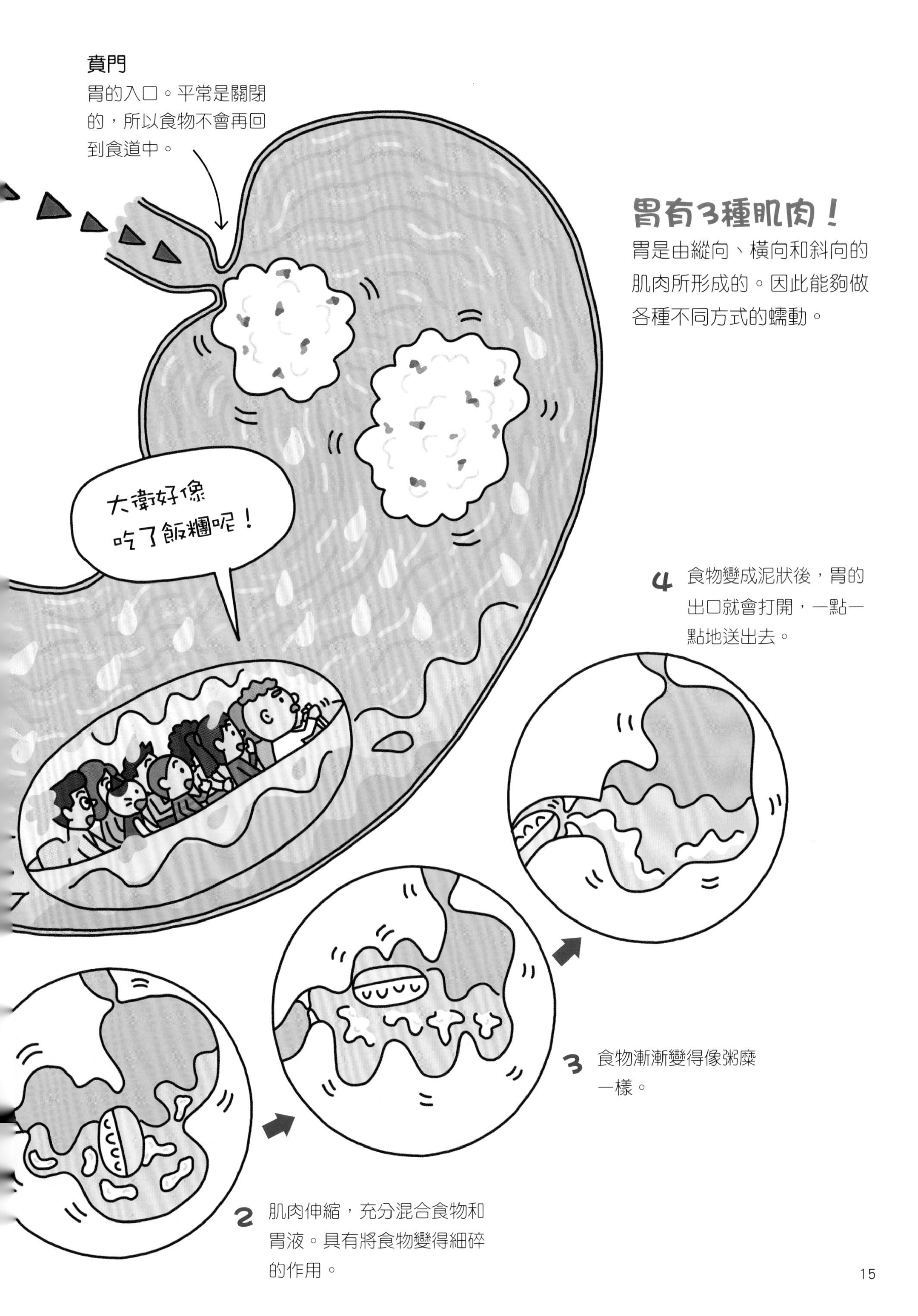
賁門
胃的入口。平常是關閉的，所以食物不會再回到食道中。
胃有3種肌肉！
胃是由縱向、橫向和斜向的肌肉所形成的。因此能夠做各種不同方式的蠕動。
大衛好像吃了飯糰呢！
4 食物變成泥狀後，胃的出口就會打開，一點一點地送出去。
3 食物漸漸變得像粥糜一樣。
2 肌肉伸縮，充分混合食物和胃液。具有將食物變得細碎的作用。

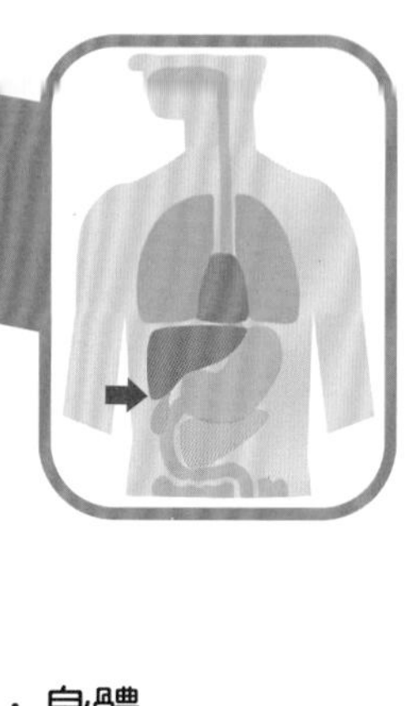

連接到腸子的隧道

膽囊・胰臟・十二指腸

由胃部出來的食物，會經由十二指腸前往小腸。在途中，身體會分泌「膽汁」和「胰島素」這2種「液體」來幫助消化。

膽囊

長度8公分

形狀像日本茄子一樣的囊袋，負責儲存稱為「膽汁」的「液體」。膽汁可以幫助脂肪（例如肉類的肥肉及奶油等）的消化。

十二指腸 25～30公分

將來自胃部的食物混合「膽汁」和「胰島素」。十二指腸約有12根手指頭並排的長度。

胰臟

長度15公分

能分泌多種消化酶，幫助消化蛋白質和脂肪（肉類），以及分泌胰島酵素，調節碳水化合物（米飯和麵包）的代謝。

胰島素

膽汁

膽汁可是
很苦的哦！

糞便為什麼
是褐色的？

糞便之所以呈褐色，是因為「膽汁」是土黃色的。而有味道是因為腸子裡面的細菌吃下食物殘渣後，所製造出來的氣體。

生物的
驚奇報導

鳥類的胃裡有「砂子」！

鳥類沒有牙齒，取而代之的是具有裝了砂子的囊袋，這個囊袋就稱為「砂囊」。

鳥類會在「砂囊」中儲存吞進去的砂子，以厚實的肌肉蠕動砂囊，讓砂子磨碎食物。雞有時候會吞下砂粒，正是因為這個原因。

胃
砂囊
嗉囊
（→ 11 頁）

生物的

驚奇報導

牛的胃裡有草履蟲？

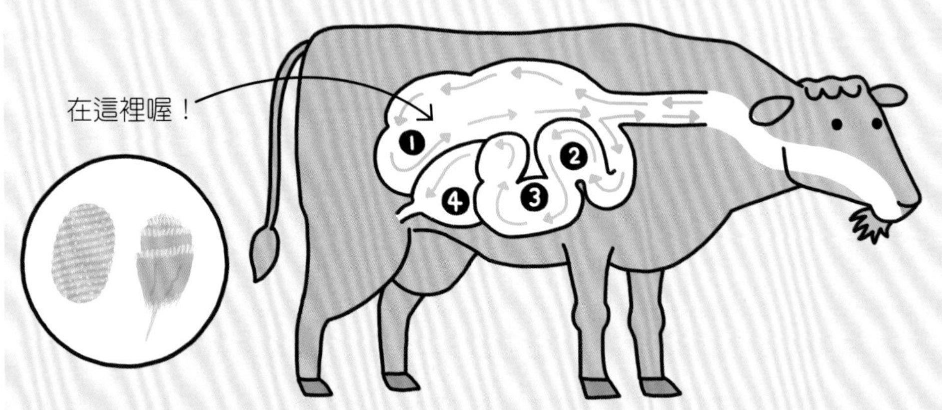
在這裡喔！
1
2
3
4

綿羊和山羊的胃裡也有哦！

牛的胃有4個，在第1個胃中住著草履蟲的同類，會分解牛所吃進去的草；一頭牛大約住著400億～1000億隻草履蟲。如果分泌胃液，草履蟲就會全部死光光，所以第1個胃不會分泌胃液。

第2個和第3個胃會把草消化得更加細小，直到第4個胃才會分泌胃液，將細碎的草消化成粥狀。

鬆軟的繞圈圈迷宮

小腸

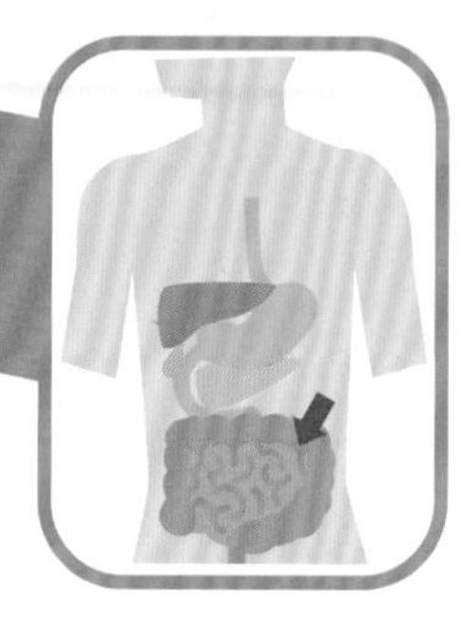

小腸是內臟中最長的管道，在腹部中迂迴盤繞著。
當食物通過這裡時，幾乎所有的營養都會被攝取乾淨。
是消化的主角。

從這裡開始就要穿上探險裝了。因為是像迷宮一樣的隧道，大家要注意不要迷路喔！

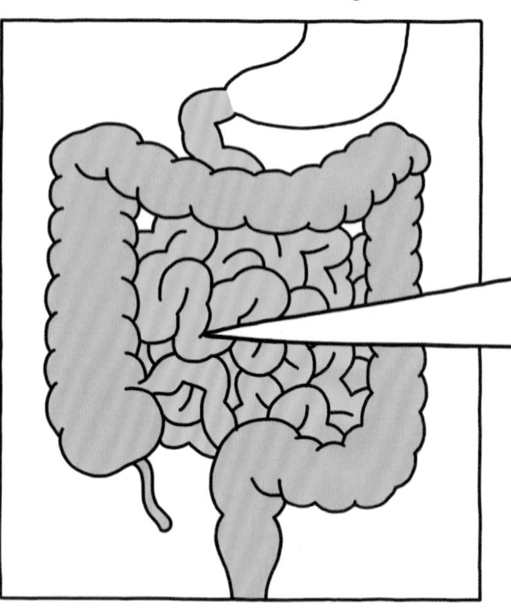

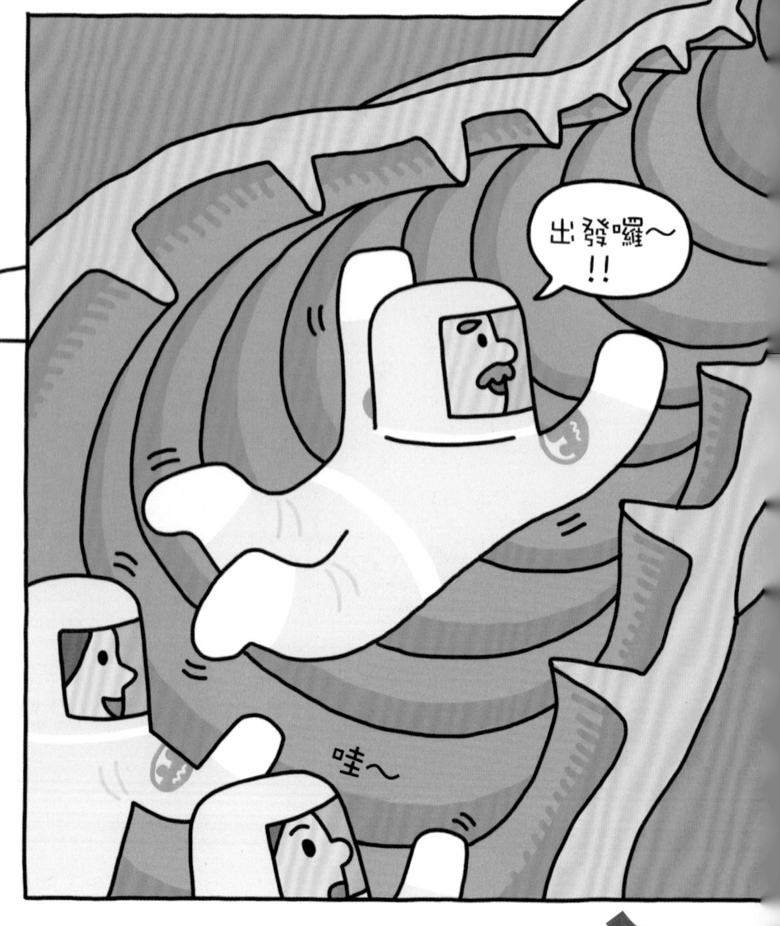
出發囉～!!
哇～

全部通過要花4～8小時

食物一到，小腸就會開始花費4～8個小時的時間慢慢蠕動，送往大腸。

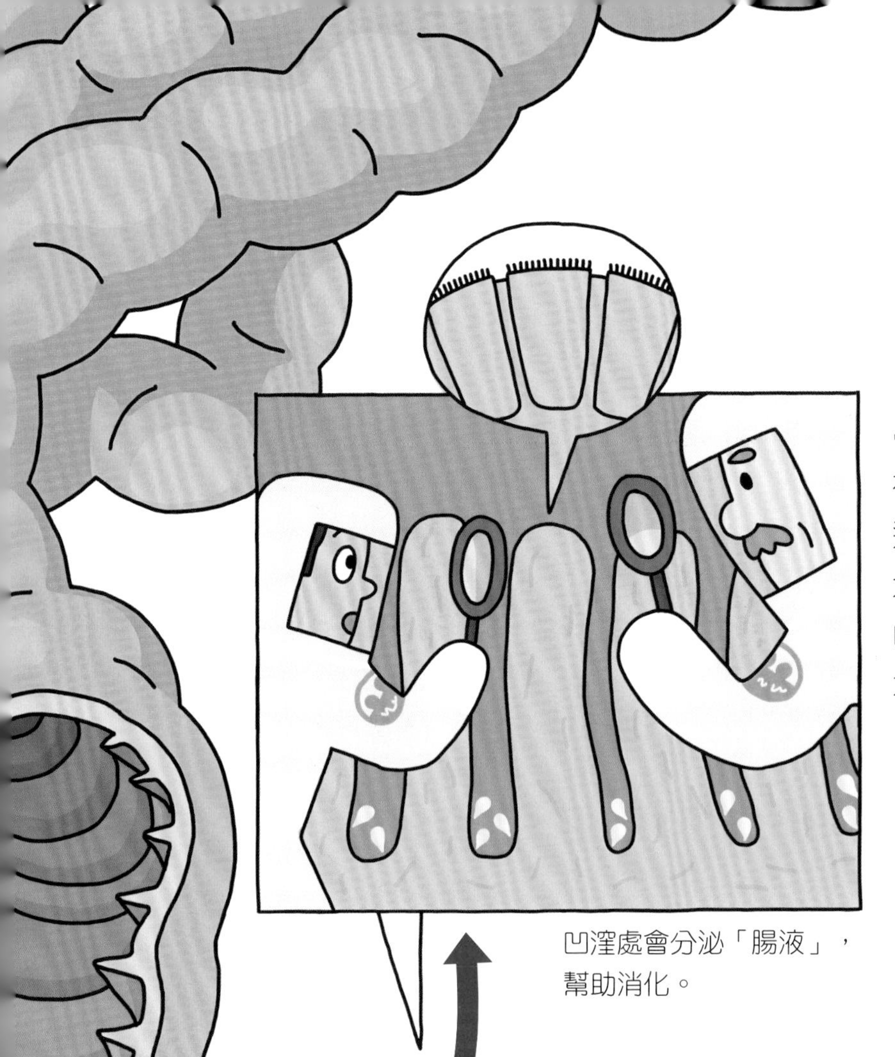

凹窪處會分泌「腸液」，幫助消化。

毛的上面還有毛！

在絨毛之上還長有許多細毛。這是因為毛越多，攝取營養的地方就會越多。絨毛中有很多的微血管和淋巴管，可以確實地攝取營養，加以運送。

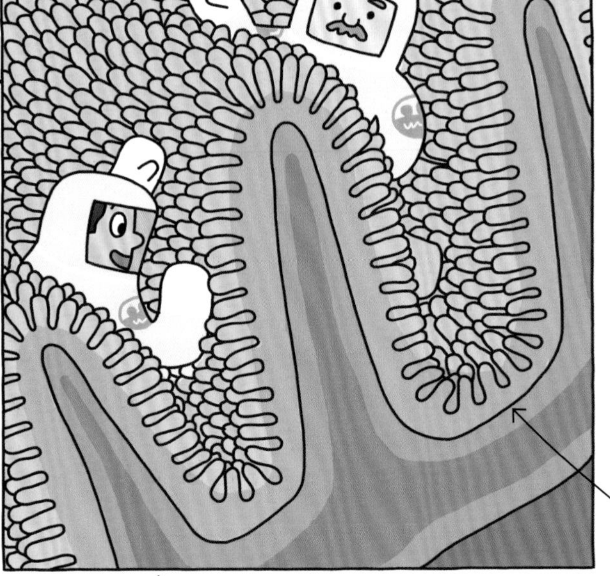

延續到深處的環圈狀皺褶

小腸的內壁有綿延不絕的環圈狀皺褶。這是由稱為「絨毛」的長約1公釐的小毛像環圈一樣連結而成的。小腸的內壁會被絨毛緊密覆蓋著。

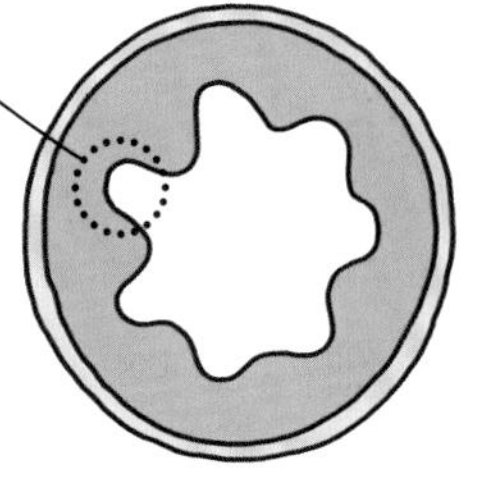

在這裡喔！

繞來繞去的，全長有6公尺

在肚子裡塞得滿滿的小腸，延展開來甚至有6～7公尺長。變成泥狀的食物會被小腸分泌的「腸液」再次分解，在小腸中忽前忽後地慢慢往前推進。

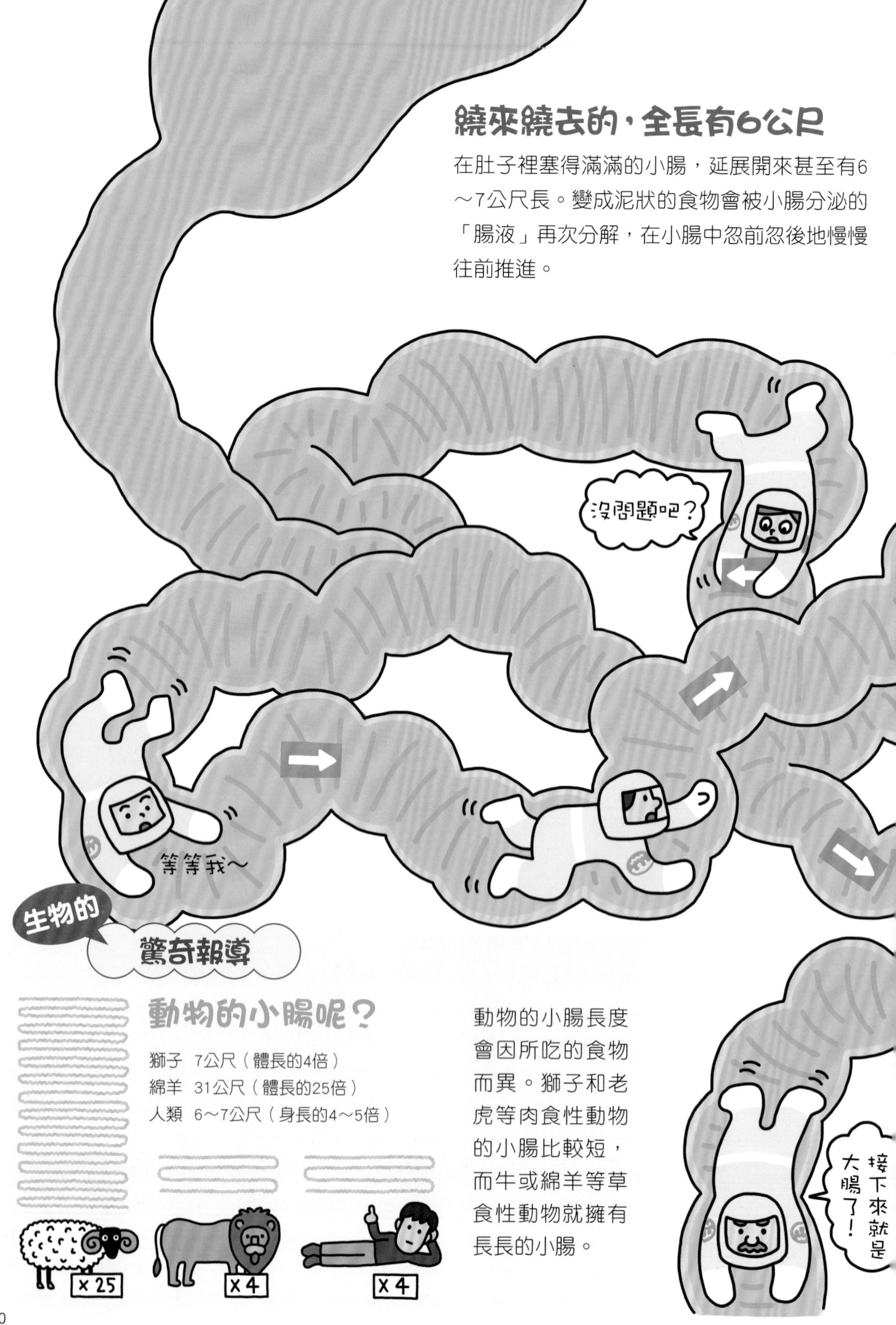

沒問題吧？
等等我～
接下來就是大腸了！
x 25
x 4
x 4

生物的驚奇報導

動物的小腸呢？

獅子　7公尺（體長的4倍）
綿羊　31公尺（體長的25倍）
人類　6～7公尺（身長的4～5倍）

動物的小腸長度會因所吃的食物而異。獅子和老虎等肉食性動物的小腸比較短，而牛或綿羊等草食性動物就擁有長長的小腸。

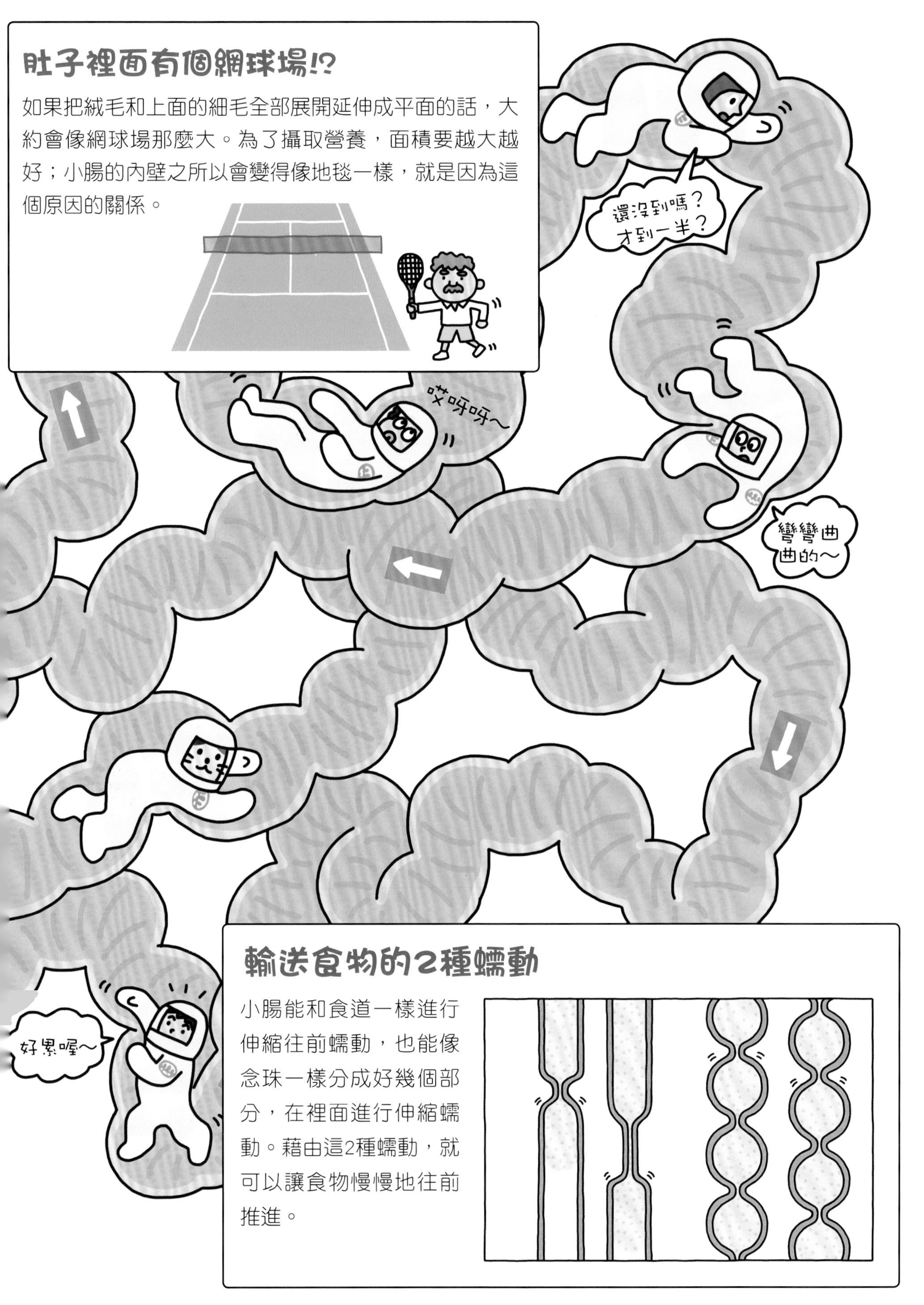
還沒到嗎？
才到一半？
哎呀呀～
彎彎曲
曲的～
好累喔～

肚子裡面有個網球場!?

如果把絨毛和上面的細毛全部展開延伸成平面的話，大約會像網球場那麼大。為了攝取營養，面積要越大越好；小腸的內壁之所以會變得像地毯一樣，就是因為這個原因的關係。

輸送食物的2種蠕動

小腸能和食道一樣進行伸縮往前蠕動，也能像念珠一樣分成好幾個部分，在裡面進行伸縮蠕動。藉由這2種蠕動，就可以讓食物慢慢地往前推進。

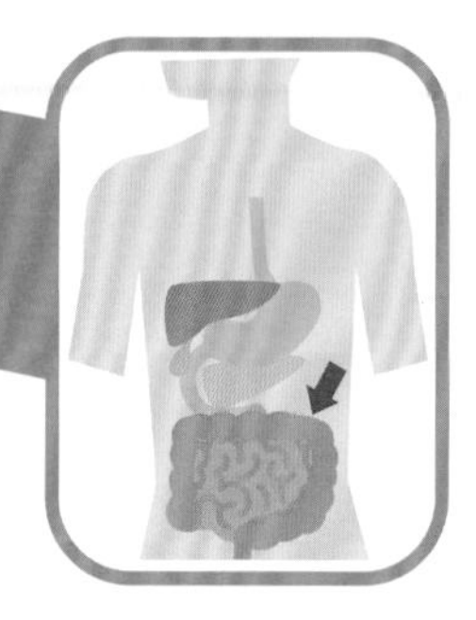

食物通過的最後隧道

大腸

食物最後通過的地方是大腸。從小腸過來的食物殘渣會被大腸吸取水分，製造成糞便。它的長度大約為1.5公尺，比小腸還粗。

呀呵——
成功了!
總算到了～
耶——
離終點只剩一點點了!加油～
啊!?
還有啊!?
就是大腸啊!
這裡
接下來是大腸
喂!上來吧!
太好了～是微膠囊～
呀呵～
哇——!

形成糞便的過程

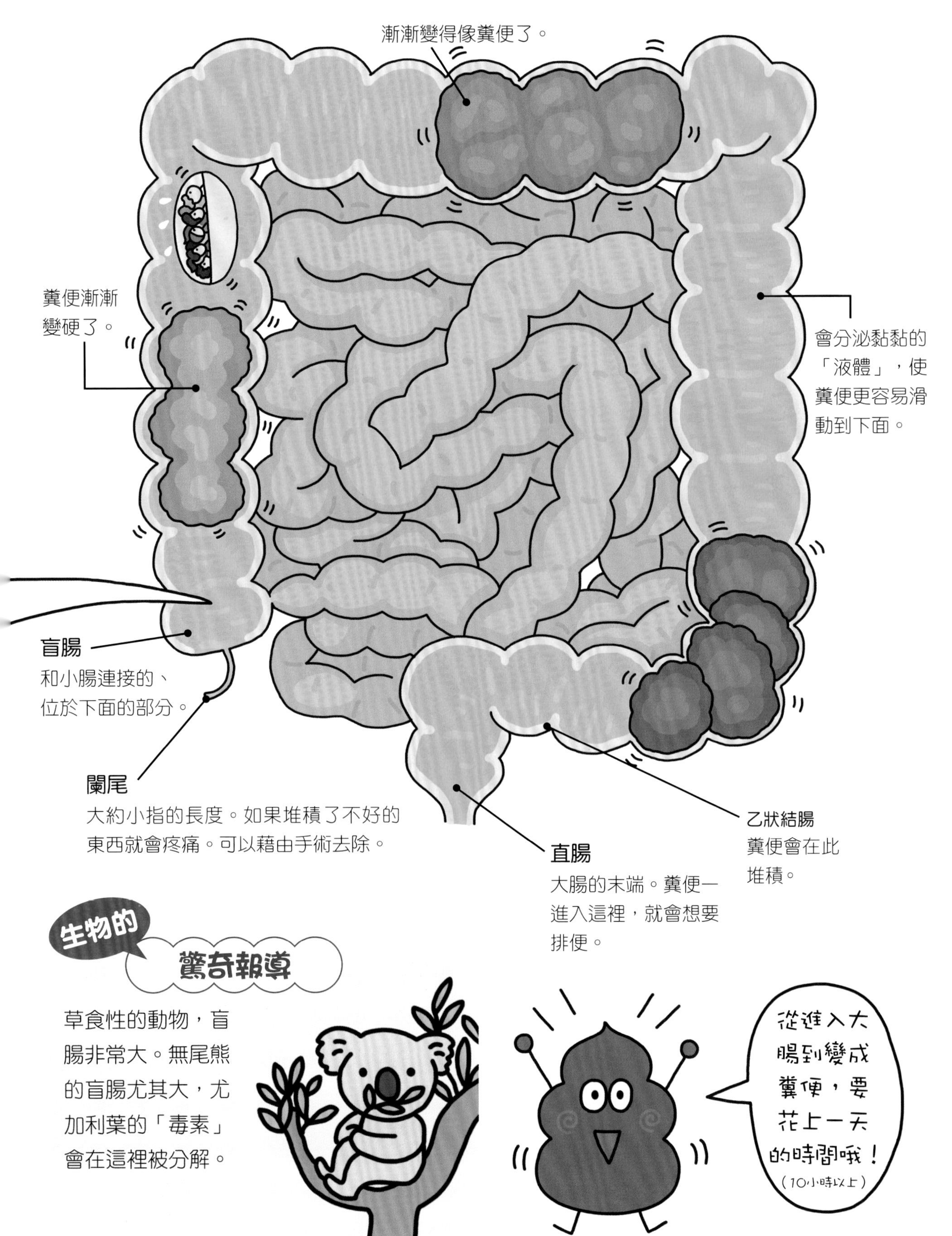

漸漸變得像糞便了。
糞便漸漸
變硬了。
會分泌黏黏的
「液體」，使
糞便更容易滑
動到下面。
盲腸
和小腸連接的、
位於下面的部分。
闌尾
大約小指的長度。如果堆積了不好的
東西就會疼痛。可以藉由手術去除。
直腸
大腸的末端。糞便一
進入這裡，就會想要
排便。
乙狀結腸
糞便會在此
堆積。
生物的
驚奇報導
從進入大
腸到變成
糞便，要
花上一天
的時間哦！
（10小時以上）

草食性的動物，盲腸非常大。無尾熊的盲腸尤其大，尤加利葉的「毒素」會在這裡被分解。

終於回來了～
大衛，你非常健康哦！
那真是太好了……
拍拍
各位，我們來複習一下大腸的知識吧～
往這邊
這裡
影像室

大腸裡有500種的細菌哦！

大腸裡面棲息著大約500種的細菌，全部合計起來有100兆個，重量可達1～1.5公斤。細菌有助於大腸的運作，具有調整身體狀況的機能。

威爾斯菌
會從食物殘渣中製造出毒素和氣體等。
中性菌
身體一衰弱就會進行不良作用，產生不好的成分。
葡萄球菌
會從食物殘渣中製造出不好的成分。
乳酸菌
可以調整腸道狀況。也存在於優格中。
雙叉乳桿菌
可以調整腸道狀況。

細菌一直在戰鬥！

在細菌中有對身體有益的「好菌」，和會妨礙健康的「壞菌」，它們各自為了要增加數量而彼此戰鬥著。健康的時候，好菌的數量比較多；但是身體一虛弱，壞菌就會增加，健康也會變差。

不好的細菌是必需的嗎？

空氣和食物中有各式各樣的細菌，每天都會進入我們的身體裡。但因為腸子裡面存在著不好的細菌，所以守護身體的機制會經常啟動，才能維持不被外來細菌打敗的身體。

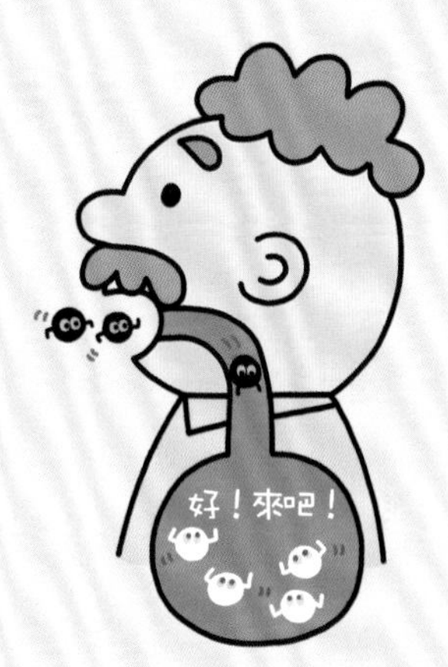
好！來吧！

糞便中有一半是死掉的細菌

糞便中有一半是食物殘渣，而剩下的一半則是死掉的細菌。除此之外，裡面也有來自於小腸和大腸內壁剝落的碎片。

為什麼會放屁？

大部分的屁都是我們吞進去的空氣。除此之外，還有腸內細菌製造的氣體等。當氣體大量堆積，就會從肛門排到外面。如果屁中含有大量名為甲烷的氣體，甚至一靠近火源就會燒起來呢！

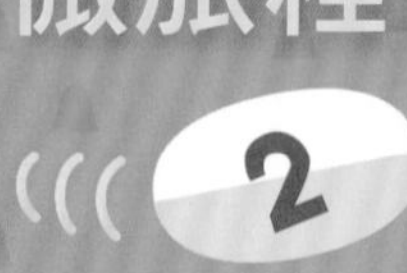
微旅程
2

巡迴血管的旅程

胃和腸子的探險很有趣吧！
接下來要出發朝心臟和肺部
探險去囉！

本單元審定者：**林奇樺** 醫師

來！接著大家來
說說看！！
咚咚咚
咚咚咚

我們的身體裡
還有比「食道」
和「腸子」更長
的管子，大家知
道有多長嗎？

看來應該有比從
嘴巴到肛門，
長6～7倍的器官
吧……
大約是身長
的20倍？
嗯～雖然不
知道是什麼，
不過我猜長度
是50公尺！

不不不，開什麼玩笑！大衛的身體裡面可是有大約
可以繞行地球2圈那麼長的東西！！那就是……

血管！
沒錯！
唰！

鏘鏘——
可繞行
2圈的
地球
長度！

血管就是輸送血液的管子，遍及身體的各個角落。把所有的血管都連接起來的話，竟然長達9萬～10萬公里。

從心臟送出的血液，會依照動脈→微血管→靜脈的順序循環體內，再回到心臟；然後再從心臟前往肺部，繞行肺部一圈後，最後再回到心臟。

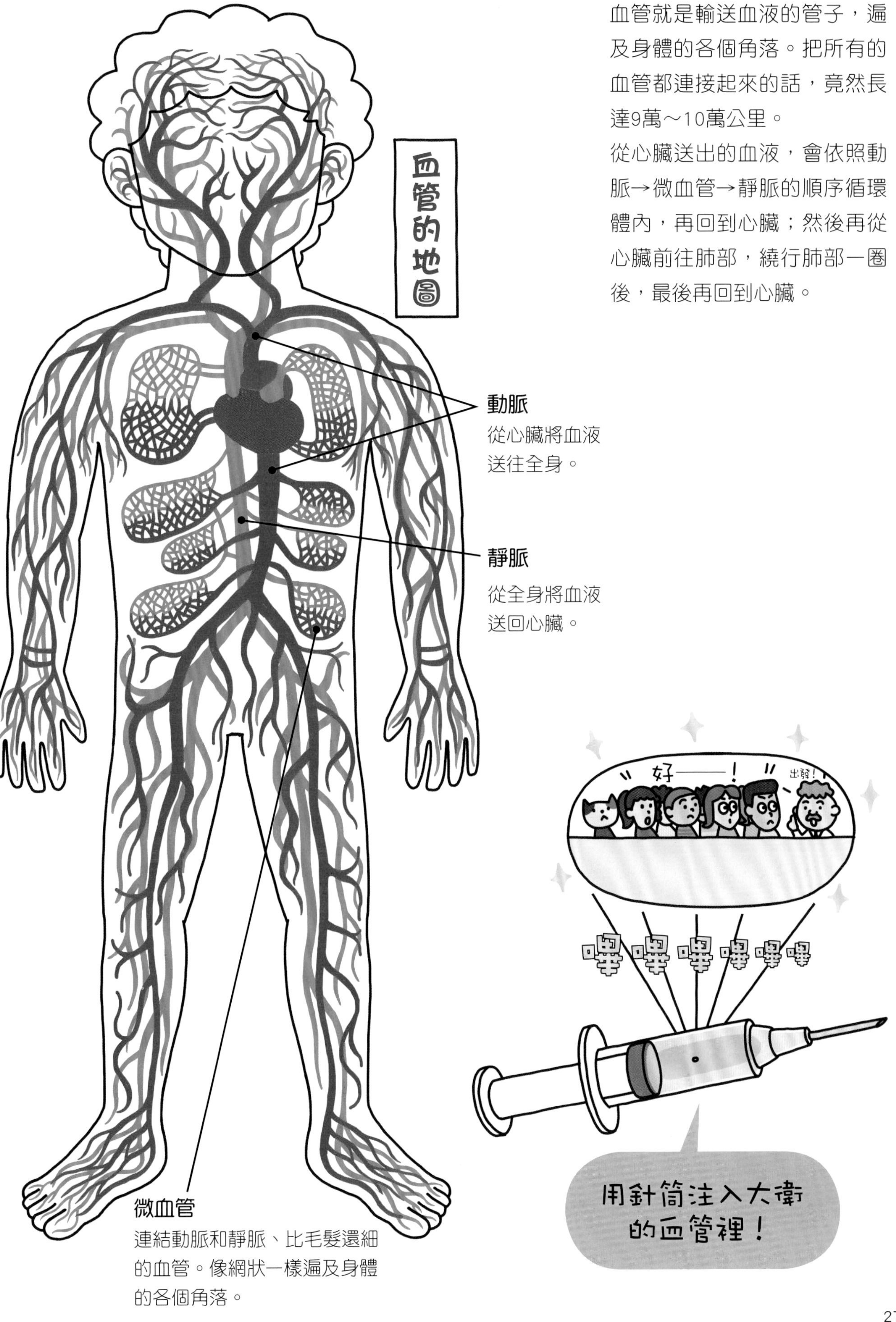
血管的地圖
動脈
從心臟將血液送往全身。
靜脈
從全身將血液送回心臟。
微血管
連結動脈和靜脈、比毛髮還細的血管。像網狀一樣遍及身體的各個角落。
好——！
出發！
嘩嘩嘩嘩嘩嘩
用針筒注入大衛的血管裡！

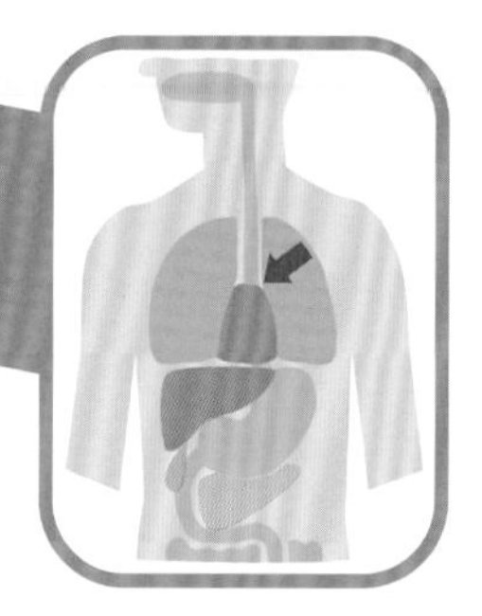

持續運作的幫浦

心臟

心臟位於胸部的正中央。一整天都會持續工作，絕對不會休息。心臟會先收縮，然後「啪！」地放鬆，藉由這個動作將血液輸送到全身。

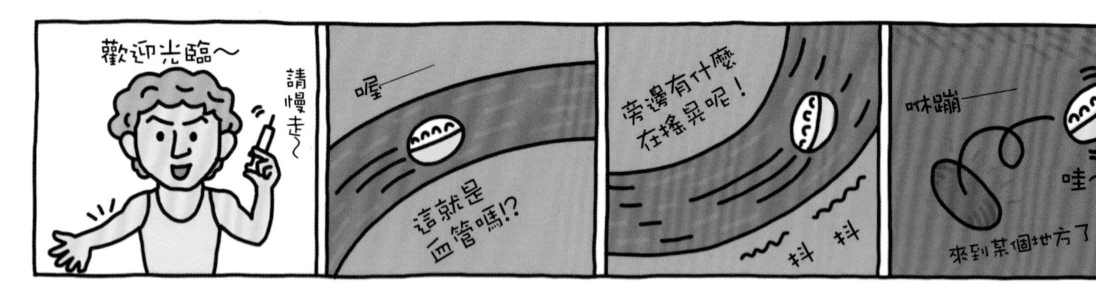

歡迎光臨～
請慢走～
喔——
這就是血管嗎!?
旁邊有什麼在搖晃呢！
抖 抖
咻蹦——
哇～！
來到某個地方了！

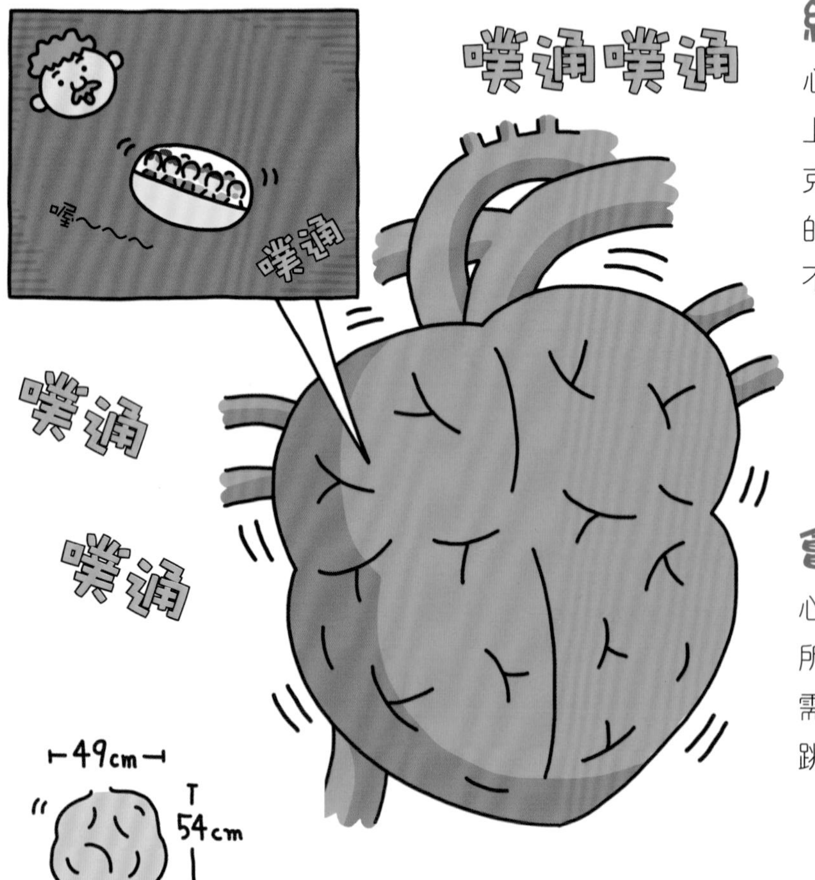

噗通噗通
喔～～～
噗通
噗通
噗通
噗通噗通
49cm
54cm
叭喔～

約如拳頭般大小

心臟大約比拳頭還大一點。在重量上，成人的心臟大約是250～300公克，大概和一杯水一樣重。剛出生的嬰兒，心臟約如核桃般大小，差不多是20～35公克。

會自行跳動的肌肉

心臟是由名為「心肌」的特殊肌肉所形成的。和手腳的肌肉不同，不需要腦部下達命令，心臟自己就會跳動。

大象的心臟

大象的心臟重量是人類的100倍左右。2006年在日本砥部動物園死亡的印度象，心臟甚至有18公斤重。

分為4個房室喲！

心臟大致分成右左兩邊，各自再分為2個部分。「心房」是血液的儲存槽，「心室」則是將血液從儲存槽送往外面的幫浦。

源於心臟形狀的文字

早在甲骨文時代就有「心」這個字，它是依照心臟形狀所創造出來的象形文字。

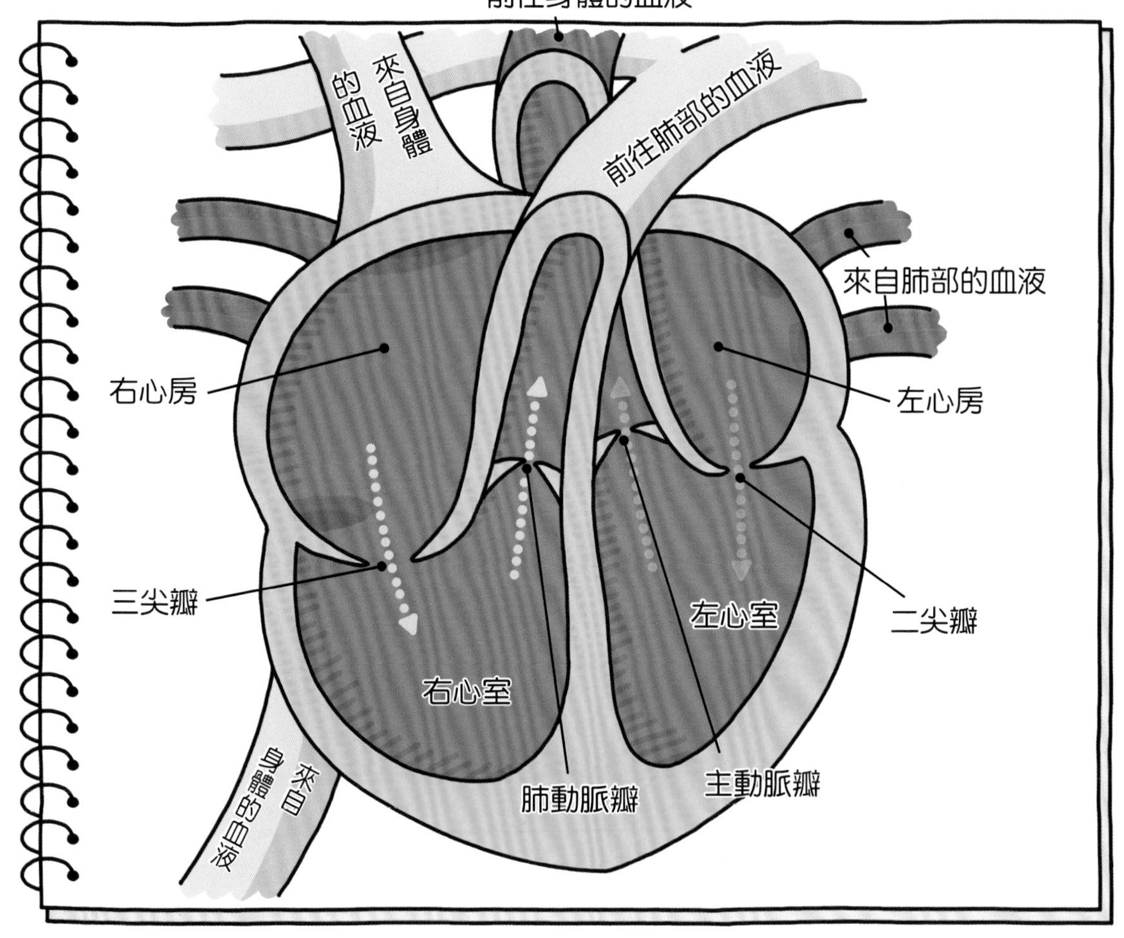
前往身體的血液
來自身體的血液
前往肺部的血液
來自肺部的血液
右心房
左心房
三尖瓣
二尖瓣
左心室
右心室
來自身體的血液
肺動脈瓣
主動脈瓣

噗通噗通

古埃及的「心臟」

距今5000年前的古埃及人，認為只要吸入空氣，空氣中存在的「有如靈魂般的東西」就會進入身體裡。這種「有如靈魂般的東西」會融在血液中，藉由心臟輸送到全身，所以心臟中也有靈魂的存在。

噗通
噗通

血液的流動方式

現在就依照順序來看看血液是如何在被分為4個房室的心臟裡流動的吧！

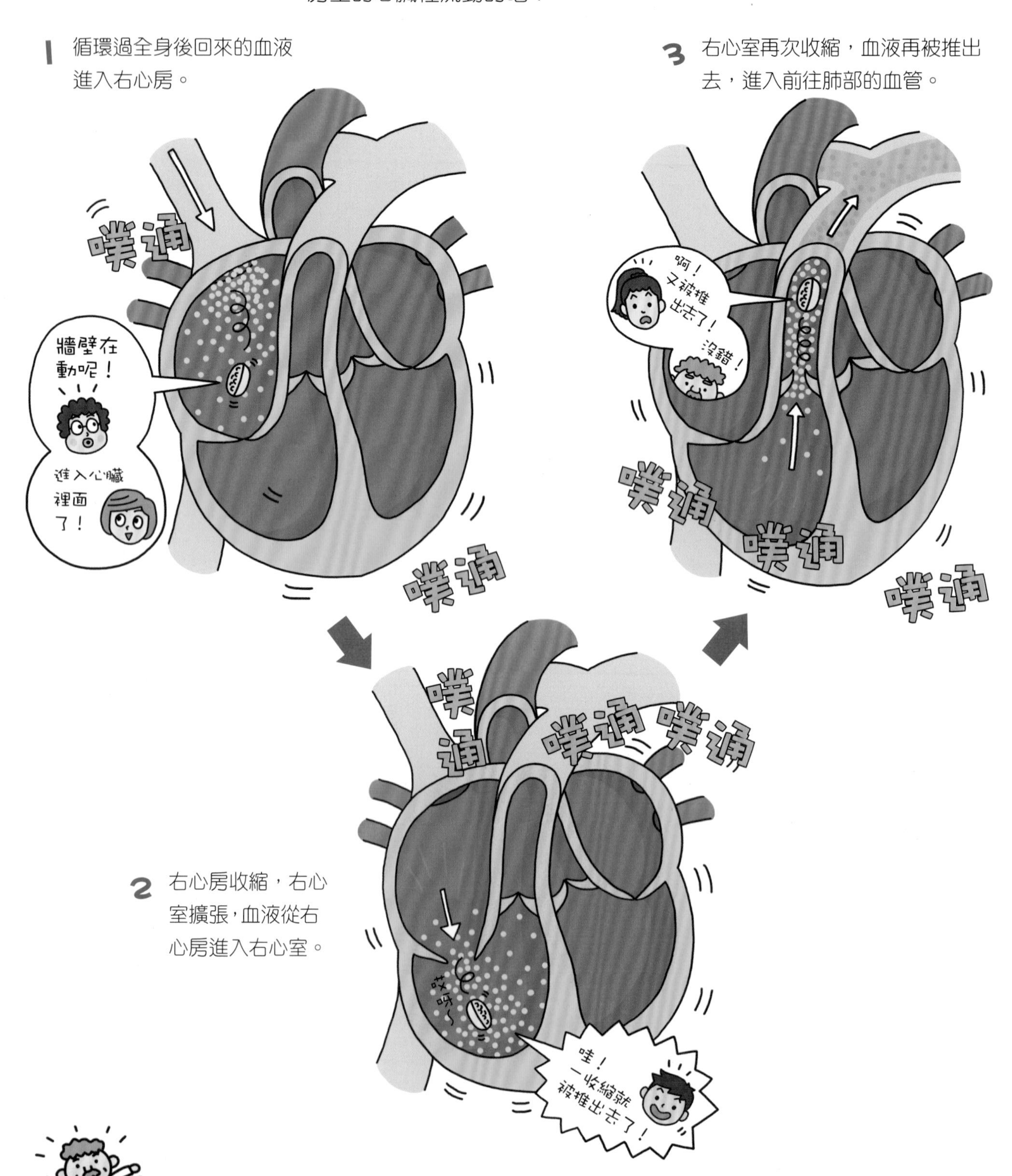

1 循環過全身後回來的血液進入右心房。
噗通
牆壁在動呢！
進入心臟裡面了！
噗通
2 右心房收縮，右心室擴張，血液從右心房進入右心室。
噗通
噗通
噗通
哇！一收縮就被推出去了！
3 右心室再次收縮，血液再被推出去，進入前往肺部的血管。
啊！又被推出去了！
沒錯！
噗通
噗通
噗通

一天送出的血液量是36個浴缸的量！

心臟一次「噗通」所送出去的血液，成人大約是70毫升，差不多3分之1杯。1分鐘5公升，一天會送出高達7200公升（相當36個浴缸）的血液。

×36

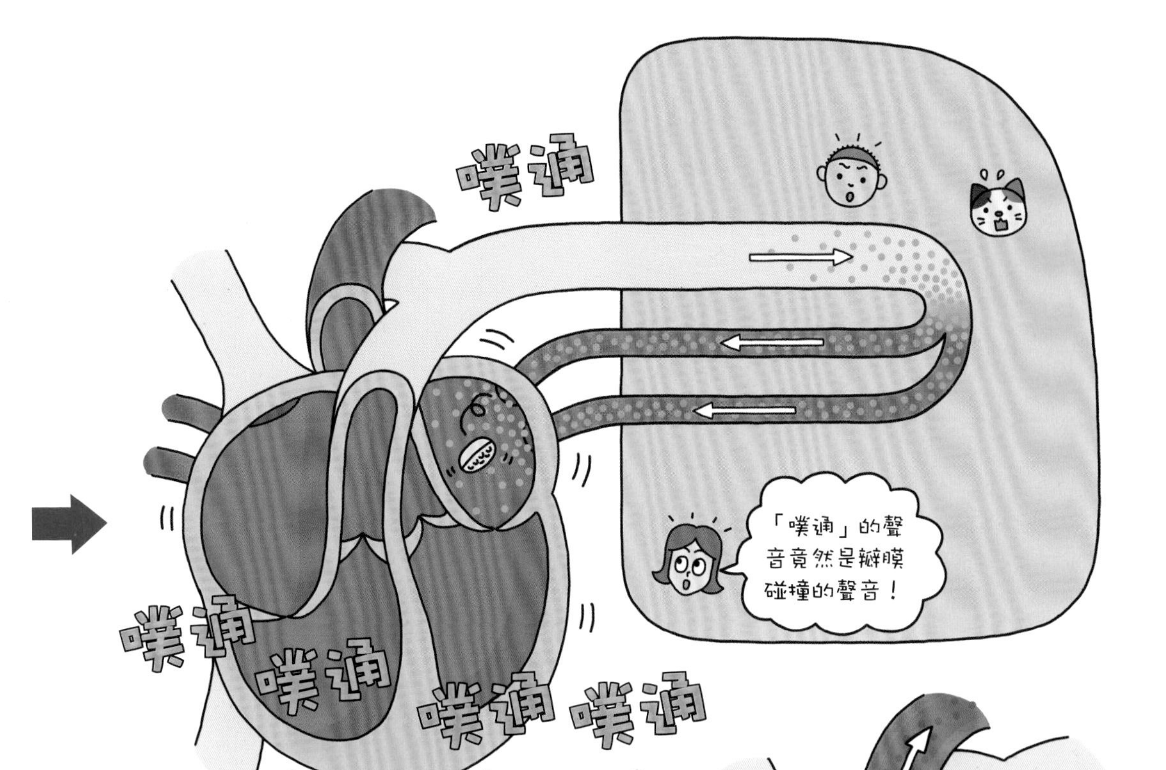
噗通
「噗通」的聲音竟然是瓣膜碰撞的聲音！
噗通
噗通
噗通
噗通

4 在流經肺部途中接受氧氣。返回心臟，進入左心房。左心房收縮，左心室擴張，血液進入左心室。

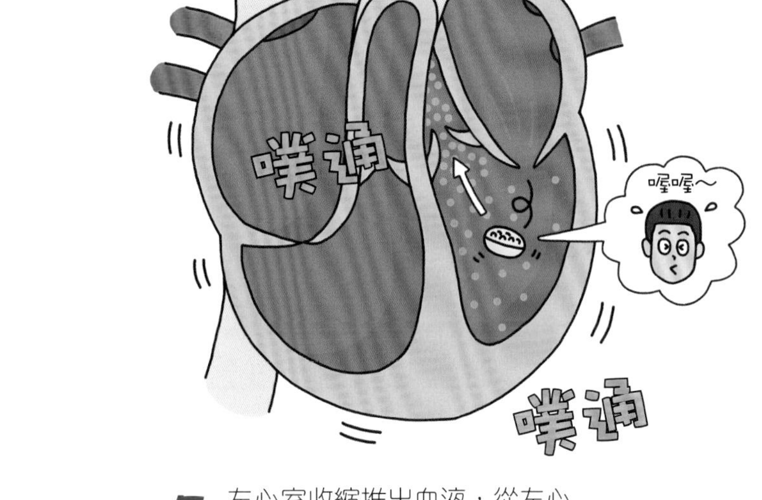
噗通
噗通
喔喔～
噗通

5 左心室收縮推出血液，從左心室進入前往全身的血管中。

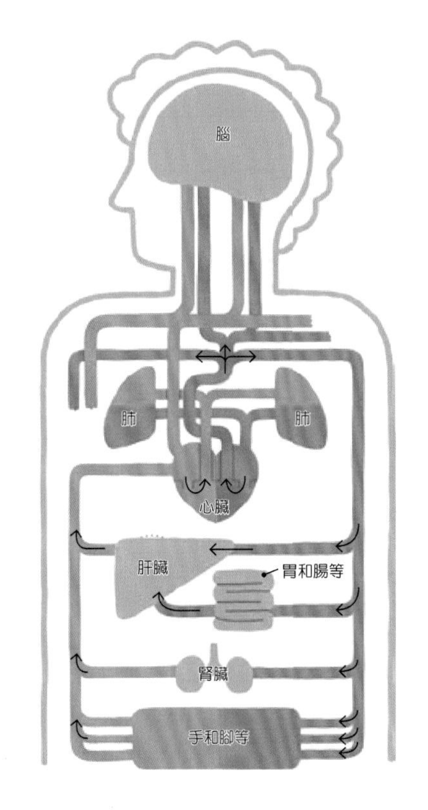
腦
肺
肺
心臟
肝臟
胃和腸等
腎臟
手和腳等

僅1分鐘就能循環1周！

從心臟送出的血液只要1分鐘就能循環整個身體再回來。從心臟送往全身時，血液會被非常強的力道推出，1秒鐘前進50公分；但隨著越往手腳方向前去，速度就會越慢。

「心臟跳動」的原理

心臟有類似會以電訊發出命令的「發電廠」，以及接受訊號後進行調整的「變電所」的作用。藉由這2項作用，才能規律正確地跳動。

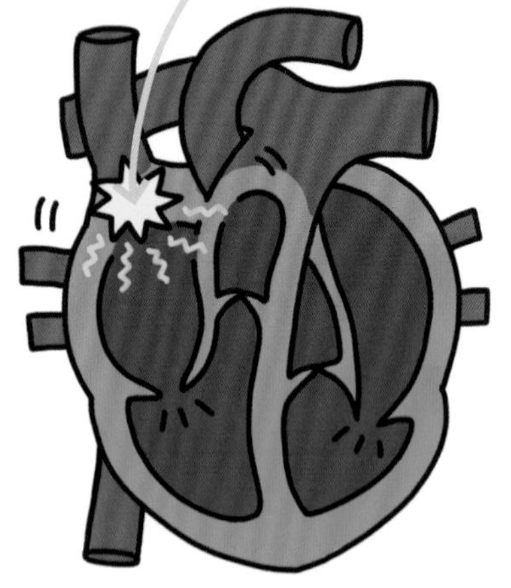

發電廠

1 以電訊發出命令。上面的心房收縮，瓣膜打開。

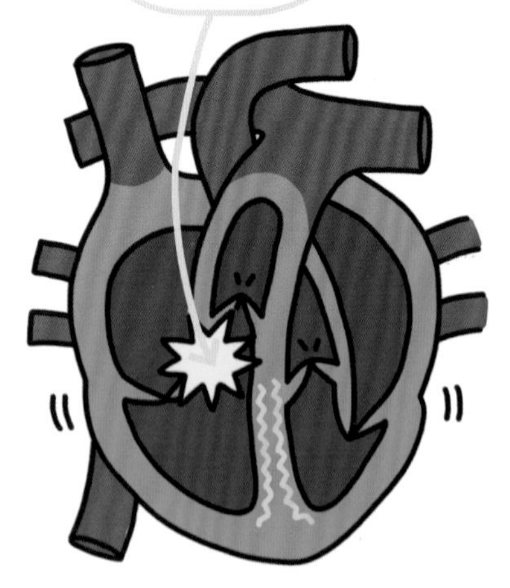

變電所

2 接收命令。訊號如果過多，會在這裡進行調整。

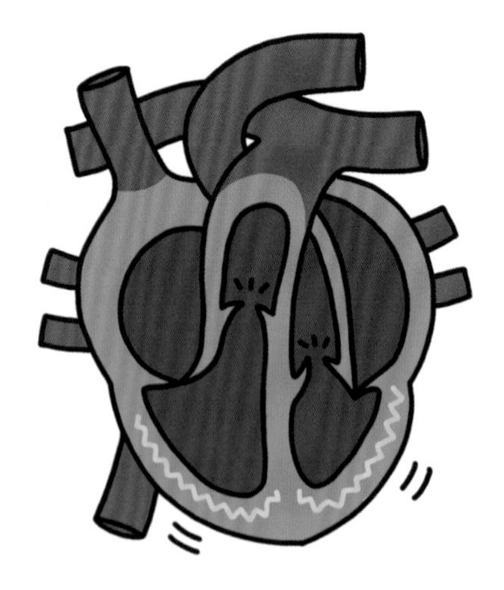

3 命令也會傳送到下面，下面的心室收縮，使瓣膜打開。

人體的博聞報導

發現「心跳」的原理！

田原淳博士

田原淳博士初到德國進行心臟研究時，已經知道心臟會傳遞像電訊一樣的東西，但詳細的作用尚未明朗。1905年，博士發現了會發出命令的特別場所，以及傳送該命令的路徑，是世界上首次有人判明心臟跳動的原理。

這也啟發了荷蘭的埃因托芬博士的心電圖研究，讓他因此得到諾貝爾獎。

為什麼心臟會噗通噗通地跳？

在活動身體的時候，因為會比平常更加使用身體，所以心臟會送出大量的血液，把氧氣和營養送達身體各處。此外，緊張或害怕的時候，為了要避開危險或是面對危險，會對身體注入能量，這些時候心臟就會噗通噗通地快速跳動。

害怕時
嗚嗚～
啊——
噗通
噗通
跑步時
呼！
噗通噗通
看到美女時
噗通
緊張時
接下來是大衛選手。
有！
噗通噗通

一天跳動10萬次！

心臟1分鐘大約會「噗通噗通」地跳動60～70次，一天是9～10萬次。如果活到80歲，心臟一生會跳動26～29億次。心臟跳動的次數會依生物而有所不同。

1分鐘跳動的次數

300次
小家鼠
120次
貓
30次
馬
純種馬競速時，
可以達到200次。
30次
大象

生物的
驚奇報導

各種生物們的心臟

人類的心臟構造非常複雜，那是為了要大量且快速地將營養和氧氣運送到各部位而演化出來的！下面來看看其他生物的心臟演化成什麼樣子吧！

噗通

昆蟲的心臟

昆蟲沒有紅色的血液，而是有透明的「體液」在身體裡面循環。牠們只有1條像血管的東西，從事心臟的運作。輸送氧氣的氣管（→36、37頁）有如網狀般遍佈全身，藉此供給氧氣。

魚類的心臟

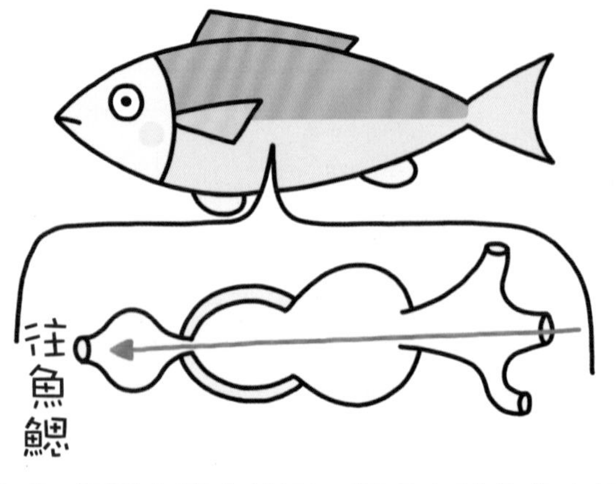
往魚鰓

分成2個房室筆直排列。循環身體後的血液會從心臟被送往魚鰓，在魚鰓處攝取充分的氧氣。

青蛙的心臟

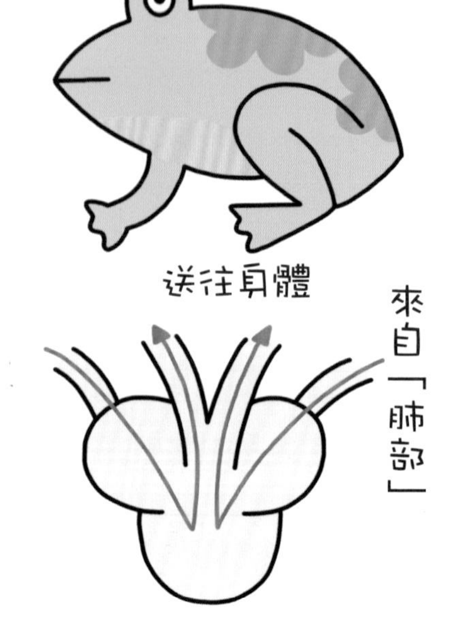
送往身體
來自「肺部」

分成3個房室。循環身體後的血液和從肺部回來的血液混合後直接送往身體。氧氣則從皮膚大量的吸入。

由黃色炸藥產生的心臟藥物

ALFR.
NOBEL

你知道「諾貝爾獎」嗎？那是致贈給有卓越貢獻的科學家的獎項。諾貝爾獎是由發明黃色炸藥的阿佛烈・諾貝爾所設立的。

諾貝爾的家族從事火藥的研究。火藥上使用的「硝化甘油」這種藥物，只要點燃一滴，就有足以使燒杯爆裂的威力。諾貝爾的工廠曾經數次發生爆炸，諾貝爾的弟弟也在爆炸中身亡。不過諾貝爾並沒有放棄，最後發明了將硝化甘油混入特別土壤中的「黃色炸藥」。

剛開始是使用在炸山等工程上，但不久後卻被使用在戰爭上，這讓諾貝爾受到極大的打擊，因此有了設立「諾貝爾獎」的想法。

此外，在諾貝爾的工廠中也發現，即使員工患有心臟病，卻能夠順利地工作。那是因為硝化甘油有擴張血管的作用，能夠促進血液的流動。因此在進一步的研究後，硝化甘油被認定為是治療心臟病的藥物，救了許多人們的性命。

阿佛烈・諾貝爾和黃色炸藥

阿佛烈・諾貝爾

這藥有效喔！

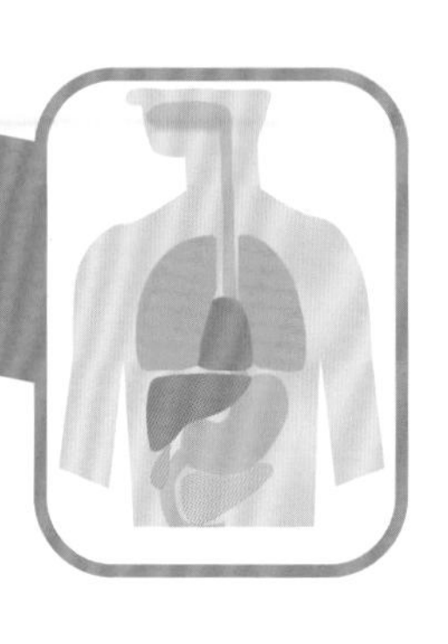

氧氣和廢氣的交換處

肺

肺就像是蓬鬆的海綿一樣，可以儲存大量的空氣。
血液在這裡吸收氧氣，送到身體的各個角落，
然後將收集來的廢氣丟棄在肺部。
肺部就是氧氣和廢氣交換的場所。

流動開始變慢了哩！

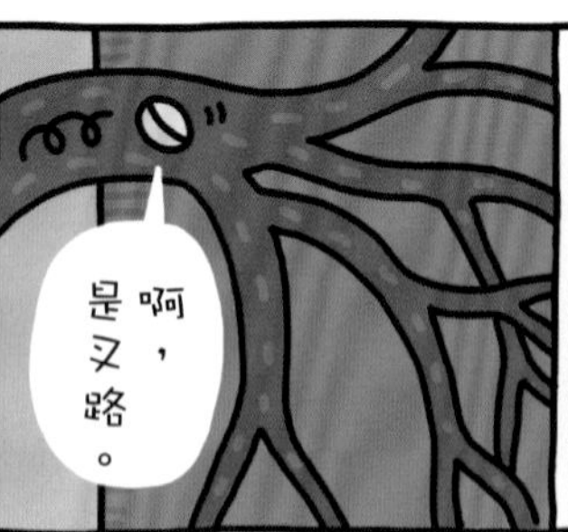
啊，是叉路。

越來越細了！

各位！我們終於進入「肺部」了！
哎呀～
哇！

吸入空氣，呼出廢氣

從嘴巴和鼻子吸入的空氣，會如圖般依照順序送到肺部。吐出空氣時，則會沿著相同路徑返回，往外排出。

右肺
氣管
肺
肺

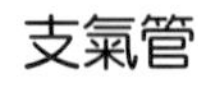
支氣管

進出的空氣有3公升

肺是大型的內臟，佔據了胸部的大部分空間。在重量上，左右兩個肺總計約1公斤。如果盡可能地吸氣，最後吐出的空氣量，成人大約是3～4公升。游泳選手中，甚至有人可以達到6公升。

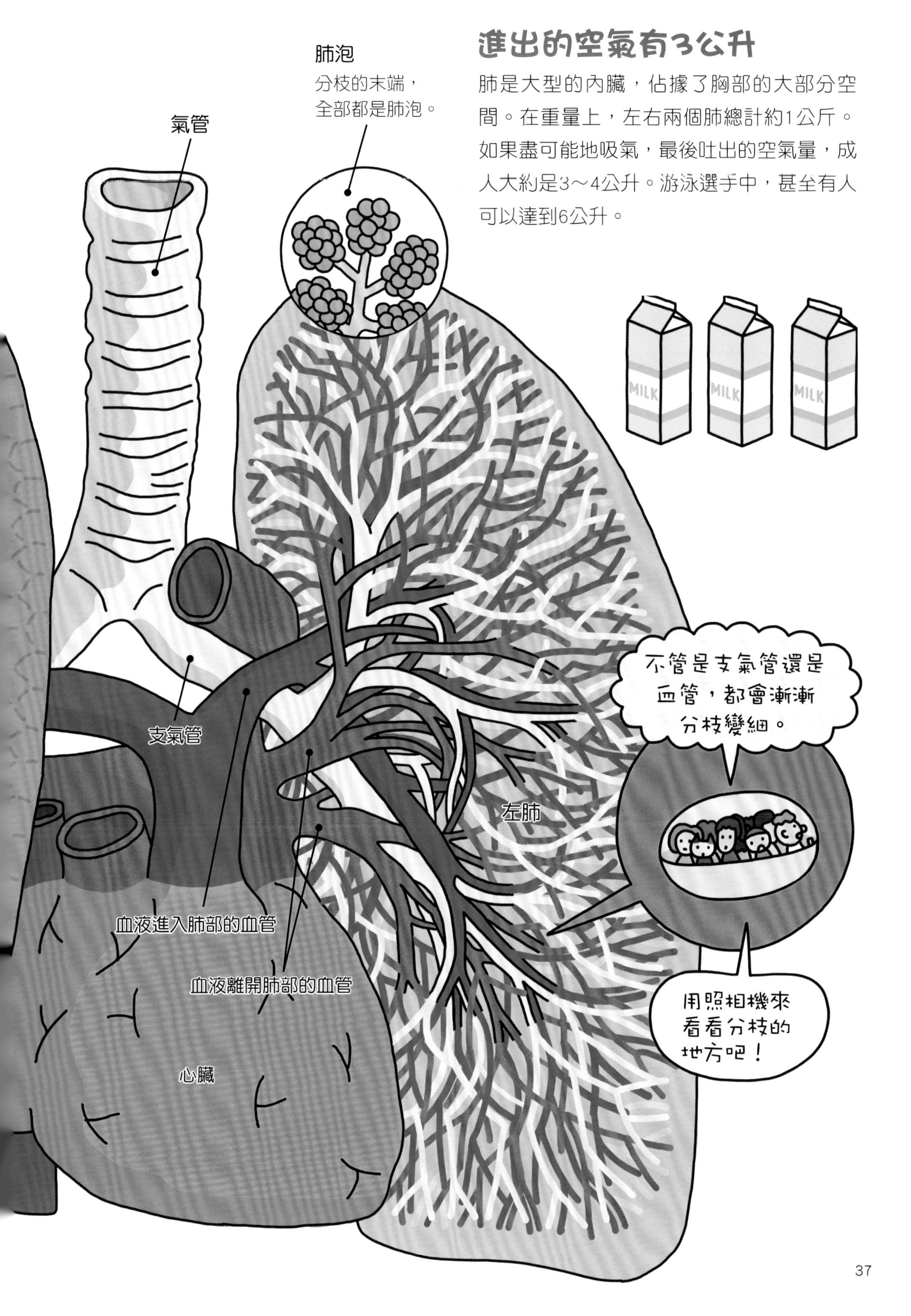

肺泡
分枝的末端，
全部都是肺泡。
氣管
MILK
MILK
MILK
支氣管
左肺
血液進入肺部的血管
血液離開肺部的血管
心臟
不管是支氣管還是
血管，都會漸漸
分枝變細。
用照相機來
看看分枝的
地方吧！

分枝末端有很多像葡萄一樣的東西。

微小的海綿球

長得像葡萄一樣的東西稱為「肺泡」。肺泡是中空的蓬鬆顆粒，就像海綿一般。大約會20個結集在一塊，成人左右兩個肺合計約有7億5千萬個肺泡。出生時只有4～5千萬個，不過大概在12歲之前，肺泡的數量會一直不斷的增加。

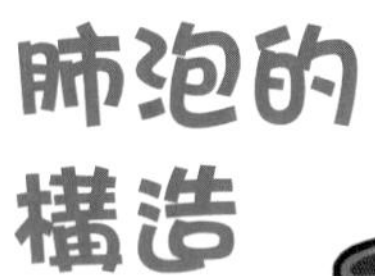
肺泡的構造

0.1～0.2公釐

血管

血管

全部展開大約會像網球場那麼大！

如果把肺泡全部伸展開來，差不多有4分之1個網球場那麼大。一旦深呼吸，肺泡就會大為膨脹，變成有1個網球場那麼大。利用這樣寬廣的面積，迅速進行氧氣和廢氣的交換。

參考資料《新版身體的地圖手冊》（佐藤達夫監修／講談社）

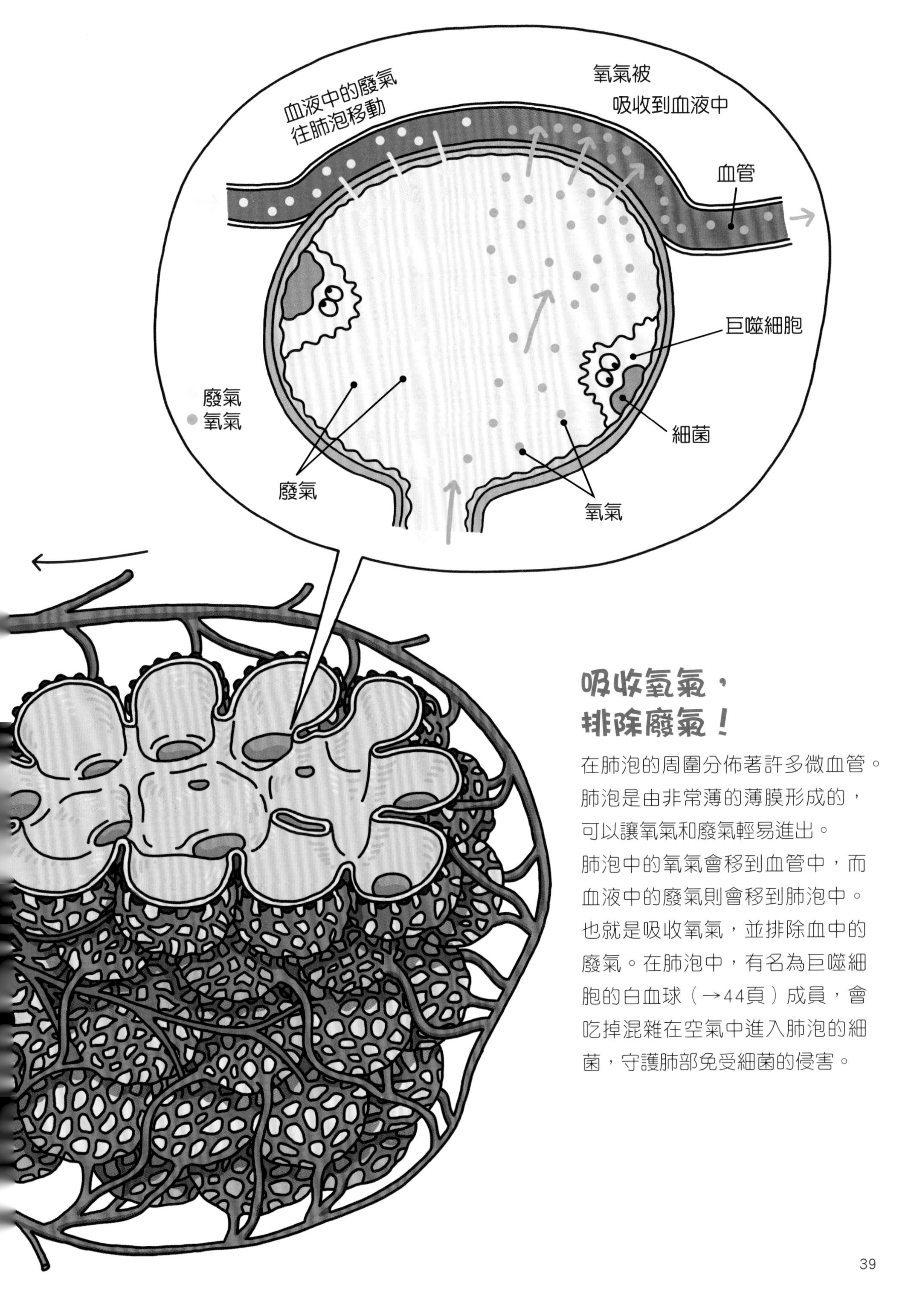
血液中的廢氣
往肺泡移動
氧氣被
吸收到血液中
血管
巨噬細胞
細菌
廢氣
氧氣
廢氣
氧氣

吸收氧氣，排除廢氣！

在肺泡的周圍分佈著許多微血管。肺泡是由非常薄的薄膜形成的，可以讓氧氣和廢氣輕易進出。肺泡中的氧氣會移到血管中，而血液中的廢氣則會移到肺泡中。也就是吸收氧氣，並排除血中的廢氣。在肺泡中，有名為巨噬細胞的白血球（→44頁）成員，會吃掉混雜在空氣中進入肺泡的細菌，守護肺部免受細菌的侵害。

將空氣「吸入」・「吐出」的原理

在胸部和腹部之間，有名為「橫膈膜」的肌肉薄膜。當薄膜下降、胸腔擴大時，空氣就會進入肺部；當薄膜上升、胸腔變得狹窄時，空氣便會從肺部排出。

此外，也會使用肋骨（→87頁）之間的肌肉來擴張肺部，進行呼吸。

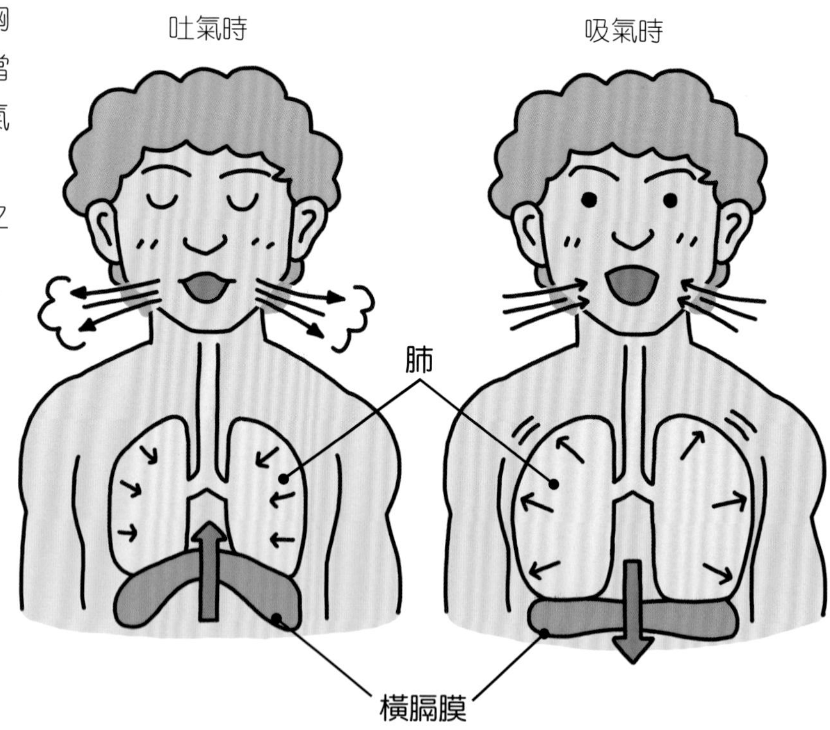
吐氣時
吸氣時
肺
橫膈膜

灰塵會在支氣管止步

支氣管的內壁覆蓋著黏稠的液體，會黏附吸入的灰塵等。還有，在黏液的下方長有許多纖毛，總是朝著喉嚨的方向擺動，因此灰塵會被送回喉嚨，而不會進入肺部。就算和液體一起被吞下，也會在胃部遭到溶化。

咳嗽的速度有如颱風

煙、食物或飲料都可能會誤入氣管，於是我們就會立刻咳嗽，想要將東西排出喉嚨。

咳嗽的產生是為了避免灰塵等進入肺部。咳嗽的速度可達時速60～70公里，就像強烈颱風一樣。

支氣管
請回吧！
止步！

咳咳

戳章注射・BCG

日本人在嬰兒時期，應該都被施打過有9根針、像四方形戳章一樣，一次按壓二次的注射吧（台灣目前為單次單針注射）！這是為了避免罹患「結核病」這個可怕的疾病而做的注射，稱為BCG（卡介苗）。結核病是非常古老的疾病，就連5000年前的埃及木乃伊上也留有它的蹤跡。在古代，這是只要罹患就會死亡的極為可怕的疾病。

長久以來，人們都無法得知其罹病原因。但在130年前，德國一個名為科赫的研究學者發現了引發疾病的「結核菌」，於是才終於解開了結核病會人傳人的原理。

BCG是只讓極少量非常微弱的「結核菌」進入身體，讓身體產生抵抗細菌的力量，於是就不容易罹患這種病了。後來科赫在柏林大學繼續研究，有了更多的發現。北里柴三郎也是科赫的學生，他發現了引起「破傷風」、「鼠疫」等疾病的細菌，救了許多人的性命。科赫非常信賴北里博士，也曾經訪問過日本。

羅伯特・科赫（Robert Koch）

北里柴三郎

在體內流動的顆粒

血液

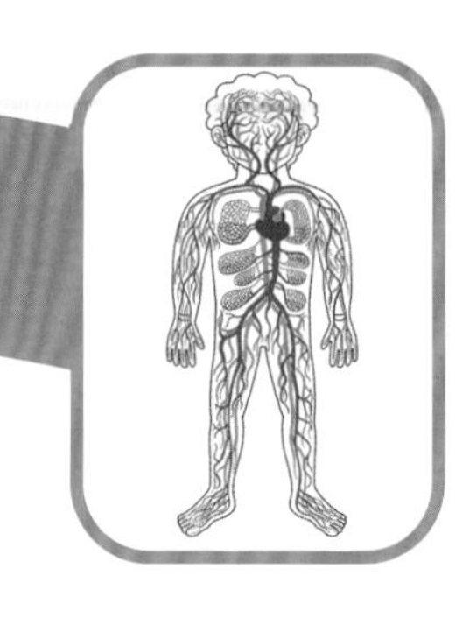

血液會經由佈滿全身的血管，巡迴到身體的各個角落。
雖然看起來像是液體，其實裡面的每一個小顆粒都是活的細胞和細胞碎片，
依照其種類而有不同的作用。

來吧！接下來就要朝肝臟、腎臟前進了！
博士，這一顆一顆的是什麼呀？
這一顆一顆的就是血液呀！
咦!?血液原來是顆粒嗎？
那麼，現在就來講解血液小知識吧！

血液是什麼？

血液，是由像水一樣的血漿和許多血球形成的。血液的55%是血漿，其餘的就是血球。
血球有各種不同的種類，是由骨骼中的「骨髓」製造的。
成人的血液量大約有4.5公升。

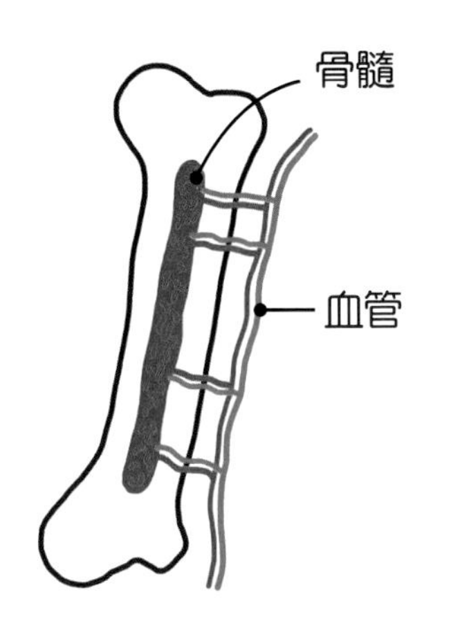

骨髓
血管

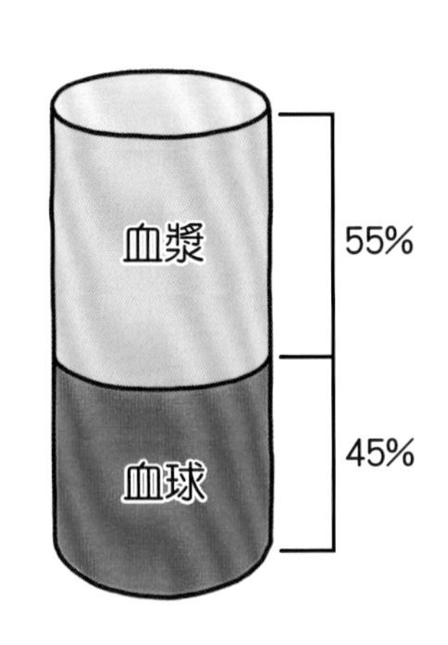

血漿
55%
血球
45%

血液中的血球

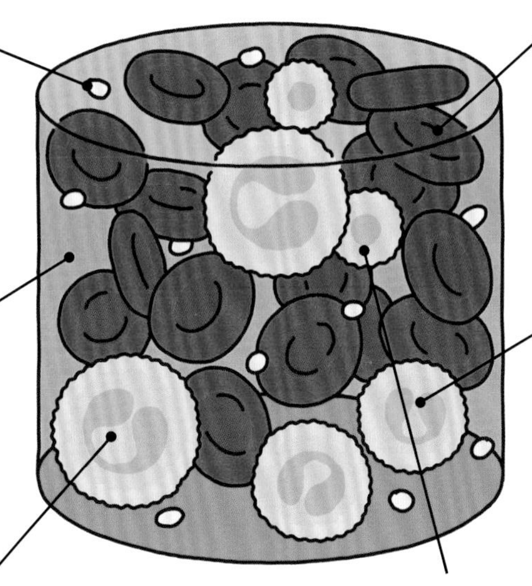

血小板
0.002～0.003公釐
20～25萬個（1滴中）

會將血管受傷的地方堵住。
※「1滴」表示1mm³。

血漿

大部分是水，裡面有各式各樣的物質。

紅血球
0.008～0.009公釐
400～500萬個

大部分的血液顆粒都是紅血球。因為是淡紅色的，所以血液會呈現紅色。負責運送氧氣到全身。

白血球
0.006～0.02公釐
4000～9000個

會吃掉進入身體的細菌等。大致分成3種。

白血球的同伴（單核球）

白血球的同伴（淋巴球）

血液的功能是？

血液可大致可分為4種功能。

1 運送　將氧氣和營養等身體所需的物質運送到全身。

2 收集　收集身體活動所產生的廢棄物。

3 維持　將體溫經常保持在37度左右。

4 守護　擊退病源的細菌或病毒，以及修復傷口。

配送氧氣，回收廢氣
紅血球
將氧氣吸收進血球中，送到全身，並回收體內釋出的廢氣帶到肺部。通過微血管時會改變形狀，變得又細又扁，通過後馬上會恢復原本的形狀。

可以變身，堵住傷口
血小板
平常是像圍棋子一樣的形狀，不過當血管受傷時就會變身，將血管受傷的地方堵住。是從「巨核細胞」這種非常大的細胞分離成小塊而成。

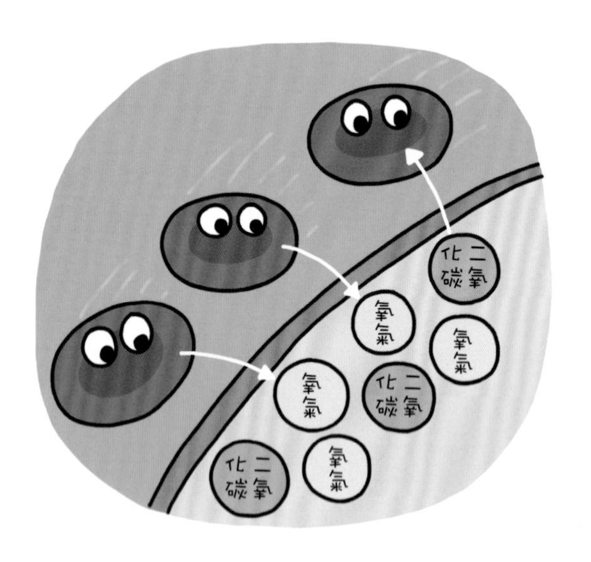

二化碳氧
氧氣
氧氣
氧氣
二化碳氧
氧氣
二化碳氧

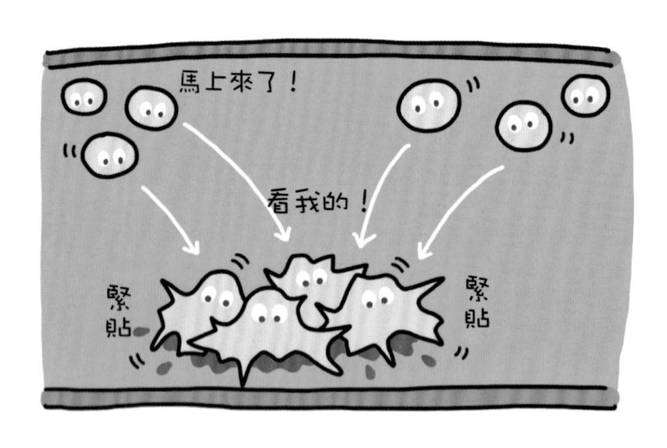

馬上來了！
看我的！
緊貼
緊貼

四處巡邏，擊退壞東西
白血球
像阿米巴原蟲一樣一邊蠕動一邊巡邏，只要有細菌或是病毒進入身體裡，就會找出來加以攻擊。可分成3種，形成團隊並發揮各自不同的功能。

白血球團隊的成員

顆粒球

變身！
單核球
巨噬細胞

輔助T細胞
殺手T細胞
B細胞

顆粒球
是數量最多的成員，一發現細菌，會火速趕過去消滅。裡面擁有能夠殺菌的顆粒。

單核球
平常做為「清道夫」，吃掉已經死亡的細胞。像阿米巴原蟲一樣蠕動，從血管鑽出後，就會變身成「巨噬細胞」，塊頭變大且吃個不停，以消滅細菌。

淋巴球
在成員中的個頭比較小，負責消滅病毒等小東西。只要打敗過一次就會記住對手，再次遇上時便會迅速攻擊。淋巴球分為發出攻擊命令的「輔助T細胞」，接受命令後進行攻擊的「殺手T細胞」，以及製造武器的「B細胞」等幾種。

好厲害哦！白血球的團體作戰

白血球的成員會在身體各處互相取得聯絡，然後集體作戰。多虧有了這樣的作用，傷口和疾病才能復原，讓人不容易生病。

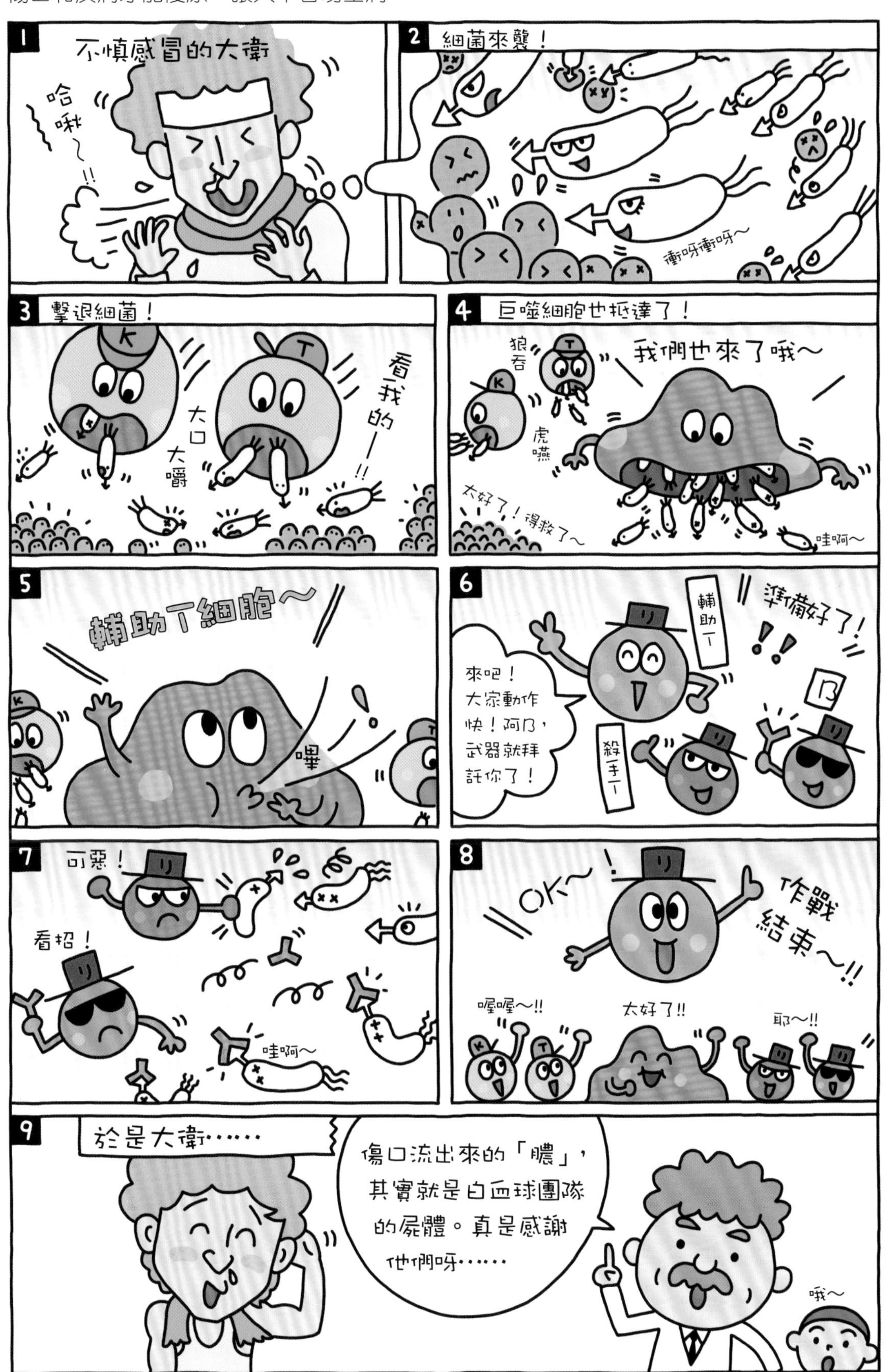

1
不慎感冒的大衛
哈啾～!!
2
細菌來襲！
衝呀衝呀～
3
擊退細菌！
大口大嚼
看我的——!!
4
巨噬細胞也抵達了！
狼吞
虎嚥
我們也來了哦～
太好了！得救了～
哇啊～
5
輔助T細胞～
嗶
6
輔助T
準備好了!
來吧！大家動作快！阿B，武器就拜託你了！
殺手T
B
7
可惡！
看招！
哇啊～
8
OK～！
作戰結束～!!
喔喔～!!
太好了!!
耶～!!
9
於是大衛……
傷口流出來的「膿」，其實就是白血球團隊的屍體。真是感謝他們呀……
哦～

血型是什麼東西？

紅血球的表面是有「記號」的。依照這個「記號」來決定人的血型，分成A、B、AB、O，一共4種。
另外，當血漿中跑進異物時，血漿中就會產生「抗體」，讓該異物無法發揮作用。人的「抗體」有2種，如右圖所示，依照血型而異。

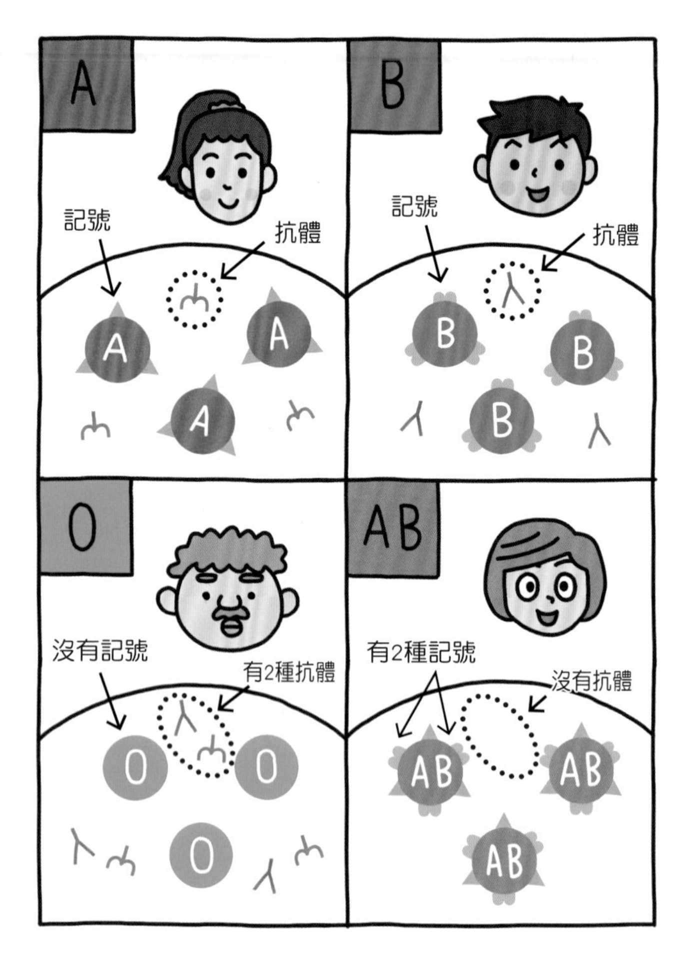
A
記號
抗體
A
A
A
B
記號
抗體
B
B
B
O
沒有記號
有2種抗體
O
O
O
AB
有2種記號
沒有抗體
AB
AB
AB

不同的血型，不能隨便接受別人的血，也不能隨便輸血給別人

當受重傷或是進行手術時，血液可能會不夠。這個時候，可能會拿別人的血輸入，這就稱為「輸血」。輸血時，A型血會輸給A型的人，B型血會輸給B型的人。因為如果輸入不同血型的血，「抗體」和「記號」就會結合，可能會讓血液在體內凝結成塊。

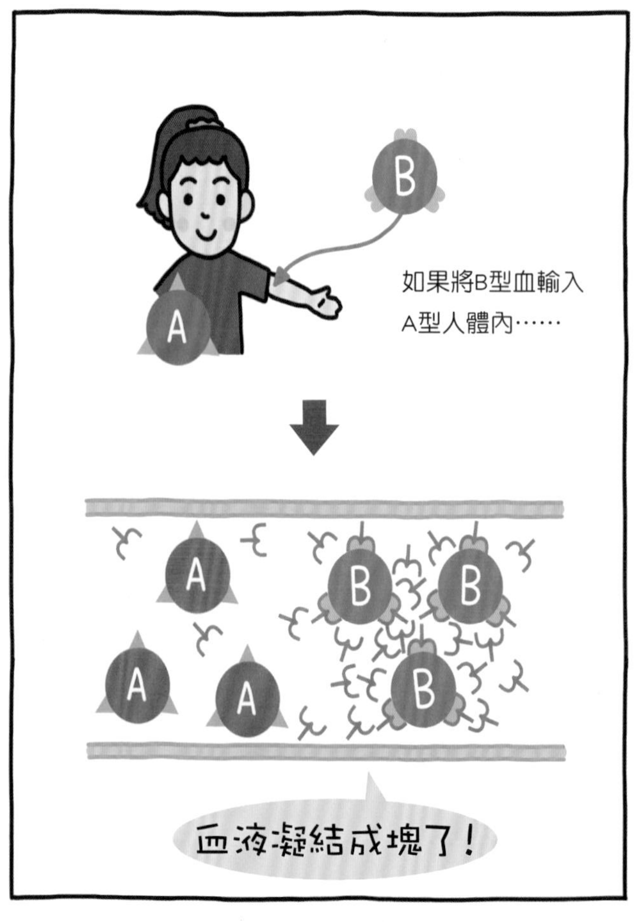
B
A
如果將B型血輸入
A型人體內……
A
B
B
A
A
B
血液凝結成塊了！

生物的
驚奇報導

動物的血型呢？

狗和貓也有血型。狗非常複雜，有13種血型；而且一隻狗會有好幾種血型。貓的血型就和人類的比較像，分為A、B、AB型3種。日本貓大多為A型，AB型的則難得一見。

我有13種！
我有3種！

人體的博聞報導

最早發現血球的人雷文霍克

12½C
NEDERLAND

被製作成荷蘭郵票的雷文霍克。

距今約400年前，有人用自己製造的顯微鏡，發現了血液中有血球這件事。這個人就是荷蘭的雷文霍克（Antony van Leeuwenhoek）。

雷文霍克並不是科學家，而是賣布的商人。不過，他想要看到許多眼睛看不到的小東西，於是便使用自製的顯微鏡，開始觀察各種不同的東西。

雷文霍克有一天在觀察微血管時，發現血管中有黃色的顆粒在流動。他是世界上第一個看到紅血球、公佈這件事的人。除此之外，雷文霍克也發現了附在自己牙齒上的細菌。

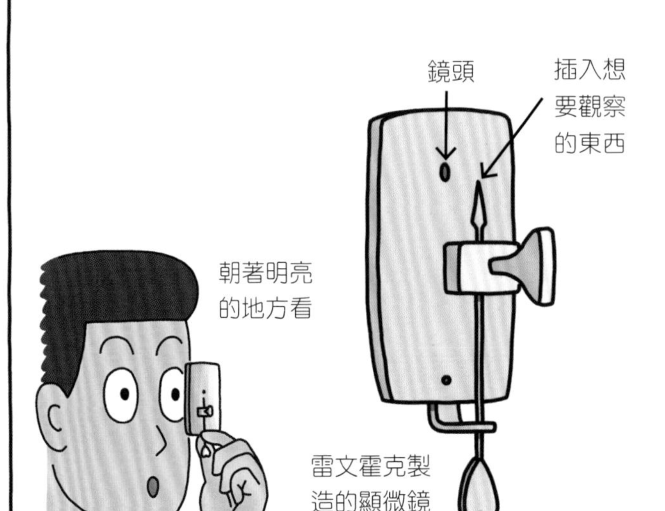
鏡頭
插入想要觀察的東西
朝著明亮的地方看

雷文霍克製造的顯微鏡

巨大的化學工廠

肝臟

肝臟，是溶於血液中的營養或非必要成分聚集的地方。
肝臟能將營養轉化成可以儲藏的形態，也能將不需要的東西轉換成安全成分。

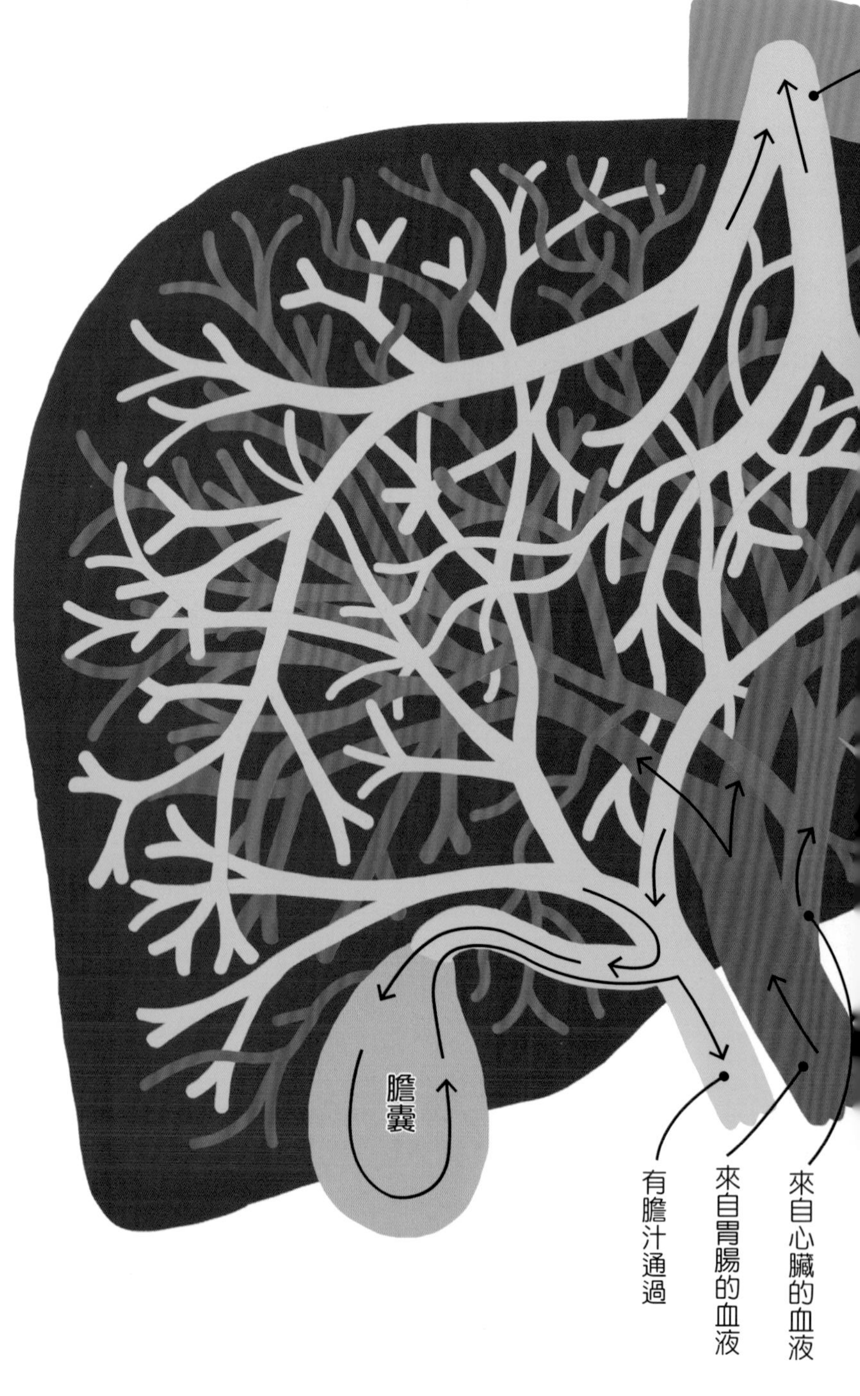

膽囊
有膽汁通過
來自胃腸的血液
來自心臟的血液

來吧，終於要去肝臟探險了！
血管的通道又分叉了。竟然有這麼多!!
到處都有！
嗯嗯～
肝臟裡面有很多像網狀一樣的血管呢!!
用照相機來看看吧！
哦～
我走了！

又大又重的肝臟！

成人的肝臟長約有25公分，厚7公分，重量大約1～1.4公斤。和腦差不多重，是體內又沉又重的內臟。每分鐘有1.1～1.5公升的血液流過。肝臟之所以呈現紅色，就是因為含有大量的血液。

坑坑洞洞的六角形積木

肝臟是集結50萬到100萬個如芝麻大小般的六角形積木而成的。在積木裡，肝細胞就像板子一樣並排。積木裡的血管有點特別，會填滿板子的兩側，整個積木就好像佈滿了孔洞一樣。來自胃腸的血液在流經這裡的途中，會將營養和身體不需要的東西交給肝臟。

回去心臟的血液
博士們在這裡！

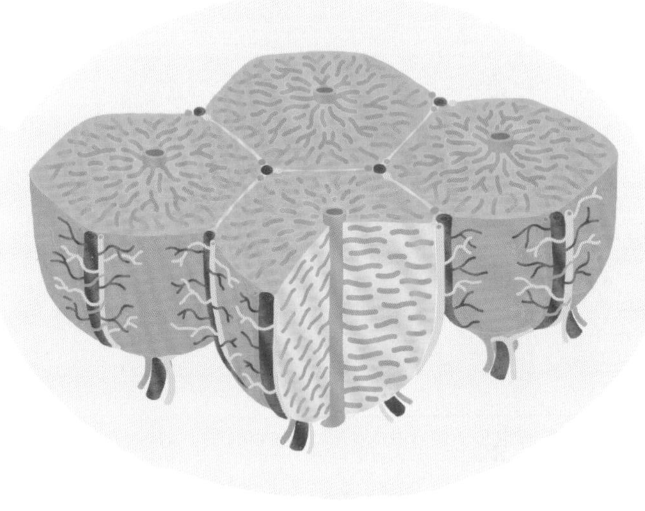

巨大的化學工廠

將成分重組或分解後，做成不同的東西，就稱為「化學反應」。肝臟的工作，就是進行這種「化學反應」。

將食物的營養轉換成適合身體的成分，或是分解不需要的成分，轉換成可以安全丟棄的成分。只要短短1秒鐘，肝臟就能進行2000次的「化學反應」，是個有如大型工廠的臟器。

來自胃腸的血液收集處

為了消化食物，胃和腸有許多的血管通過。
這是為了要從運送的食物中攝取營養。
血液的流動方向如圖所示。

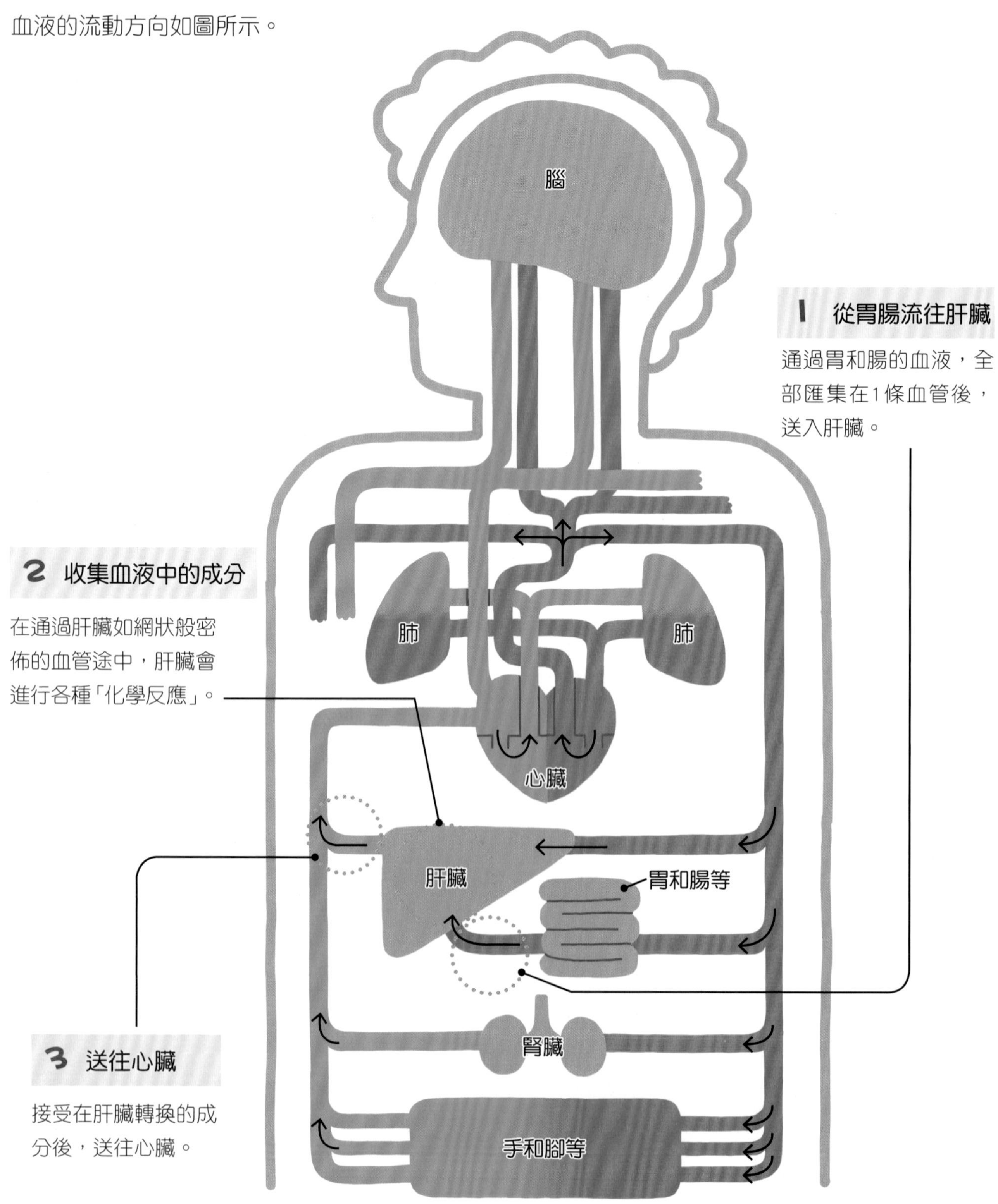

腦
1 從胃腸流往肝臟
通過胃和腸的血液，全部匯集在1條血管後，送入肝臟。
2 收集血液中的成分
在通過肝臟如網狀般密佈的血管途中，肝臟會進行各種「化學反應」。
肺
肺
心臟
肝臟
胃和腸等
3 送往心臟
接受在肝臟轉換的成分後，送往心臟。
腎臟
手和腳等

肝臟進行的5項工作

肝臟進行的工作大致分為5項，如下面圖示。
它的運轉狀況有如一座超級工廠。
為了生存下去，肝臟是絕對不可欠缺的。

工作量也太大了吧！
肝臟真的很勤奮呢！

1 轉換食物中的營養

食物中所含的營養大多是無法直接利用的，必須轉換成適合身體的物質才行。肝臟會抽出血液中的營養進行轉換，讓身體可以馬上利用。

將米飯・麵包中的澱粉，轉換成容易儲存的形態。

將肉類中的蛋白質轉換成身體各部位都可以利用的形態。

將脂肪轉換成容易儲存的形態。

2 儲存、釋出

米飯和麵包等澱粉，在體內會被分解成「醣類」。醣類是讓身體活動的能源，不夠的話會非常危險。因此，肝臟會經常檢查血液中的「醣類」。一有缺少，就會將儲存的「醣類」進行轉換，做成可以馬上利用的形態，送入血液中。

人體的運作原來如此

利用工廠的熱度來保持體溫

肝臟在轉換各種物質時會消耗許多能量。這個時候產生的熱度，可以使我們的體溫經常保持在36～37度左右。

3 分解不需要的物質

腸子在分解蛋白質後會釋出氨。氨如果累積在體內就會變成毒素。肝臟會將氨轉換成「尿素」這種安全的物質，混在尿液中排出。此外，也會將藥物或酒精等身體原本沒有的東西進行分解，溶在尿液中排出體外。

往尿液

4 製造膽汁！

膽汁（→16頁）是從膽囊分泌的液體，有促進脂肪分解的作用。
肝臟一天會製造0.7～1公升的膽汁，送到膽囊。膽囊將水分吸收後，變成黏稠的液體，再送到十二指腸，幫助食物消化。

往
十二指腸

5 紅血球的再利用

紅血球老舊了就無法運送氧氣。老舊的紅血球會被脾臟和肝臟分解，裡面原有的鐵質會被用於新的紅血球上，其餘的則做為膽汁的原料使用。

往紅血球
往膽汁

人體的運作原來如此

「你是我的心肝寶貝！」的「心肝」是什麼意思？

父母往往會向小嬰兒說「你是我的心肝寶貝！」這裡的「心肝」，就是指「重要」的意思。
「心肝」，是心臟和肝臟的縮寫，表示心臟和肝臟有差不多同樣重要的機能喔！

棒棒糖就是博士的心肝寶貝！
舔舔

人體的運作原來如此

切除後還會再長回來！

人類的肝臟即使切除了4分之3，經過1個月後還是會再長回原來的大小。而且只要3個月的時間，就能恢復原來的功能。像這樣能夠再生復原的內臟就只有肝臟而已。對人體來說，它是不可或缺的重要器官。

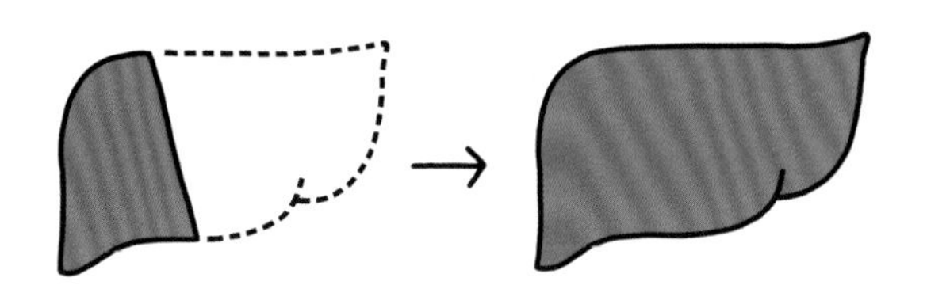

生物的
驚奇報導

蟹黃是螃蟹的肝臟＋胰臟

蝦子和螃蟹並沒有和人一樣的肝臟。即使如此，還是擁有如同肝臟功能的部位。
打開螃蟹的甲殼，裡面土黃色的柔軟物稱為「蟹黃」。這是儲存營養、轉換營養的地方，同時具有肝臟和胰臟的功能。
烏賊被稱為「腸肚」的部分也是肝臟。

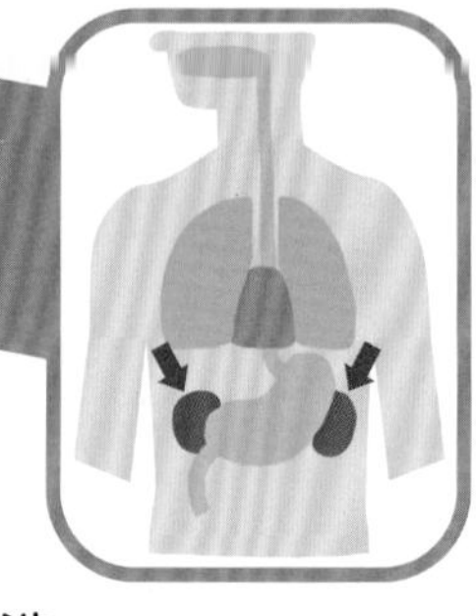

製造尿液的器官

腎臟

尿液，是為了將不需要的物質排到體外的東西。腎臟製造尿液，具有維持身體的水量和礦物質平衡的作用。

小便不會變成果汁的顏色吧！
當然啦！就算喝了牛奶也不會變成白色的。
是啊～
嗯～…
不過這是為什麼呢？小便是在哪裡形成的呢？
哦～這是個好問題啊～
好～
小便的起源在腎臟！大家一起去腎臟探險吧！
耶～
喔～

血液的清潔工廠

我們的身體，會將食物和老舊的零件加以分解，分解之後那些身體不需要的東西，會被血液收集然後送到腎臟去，腎臟就會區分血液中的必需物質和廢棄物質，然後將廢棄物質丟掉。

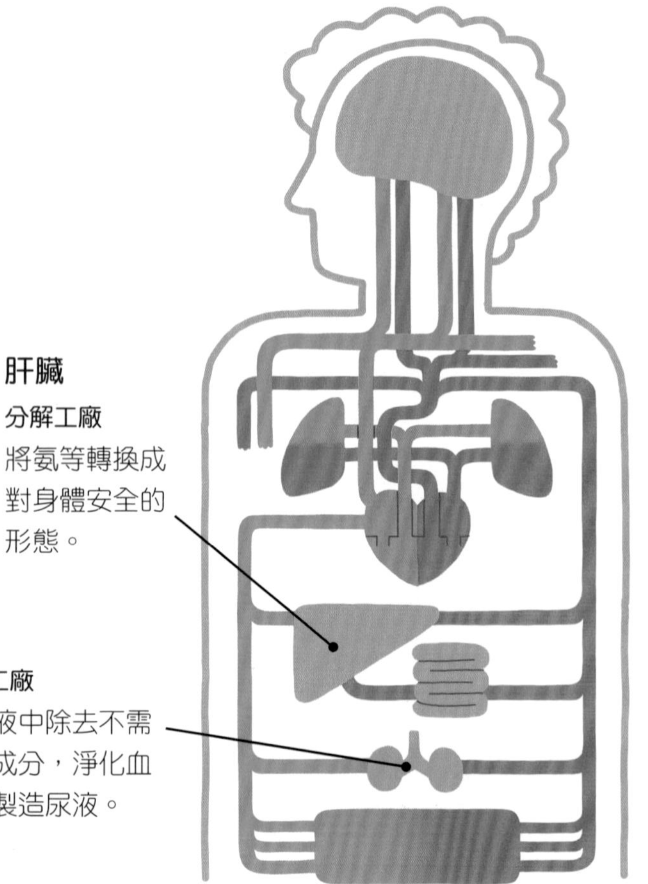

肝臟
分解工廠
將氨等轉換成對身體安全的形態。
腎臟
清潔工廠
從血液中除去不需要的成分，淨化血液，製造尿液。

比拳頭還大一點

腎臟的形狀就像蠶豆，左右兩邊各有一個。每個大約130公克，比拳頭稍微大一點。位於腰部上方、靠近背側的地方。

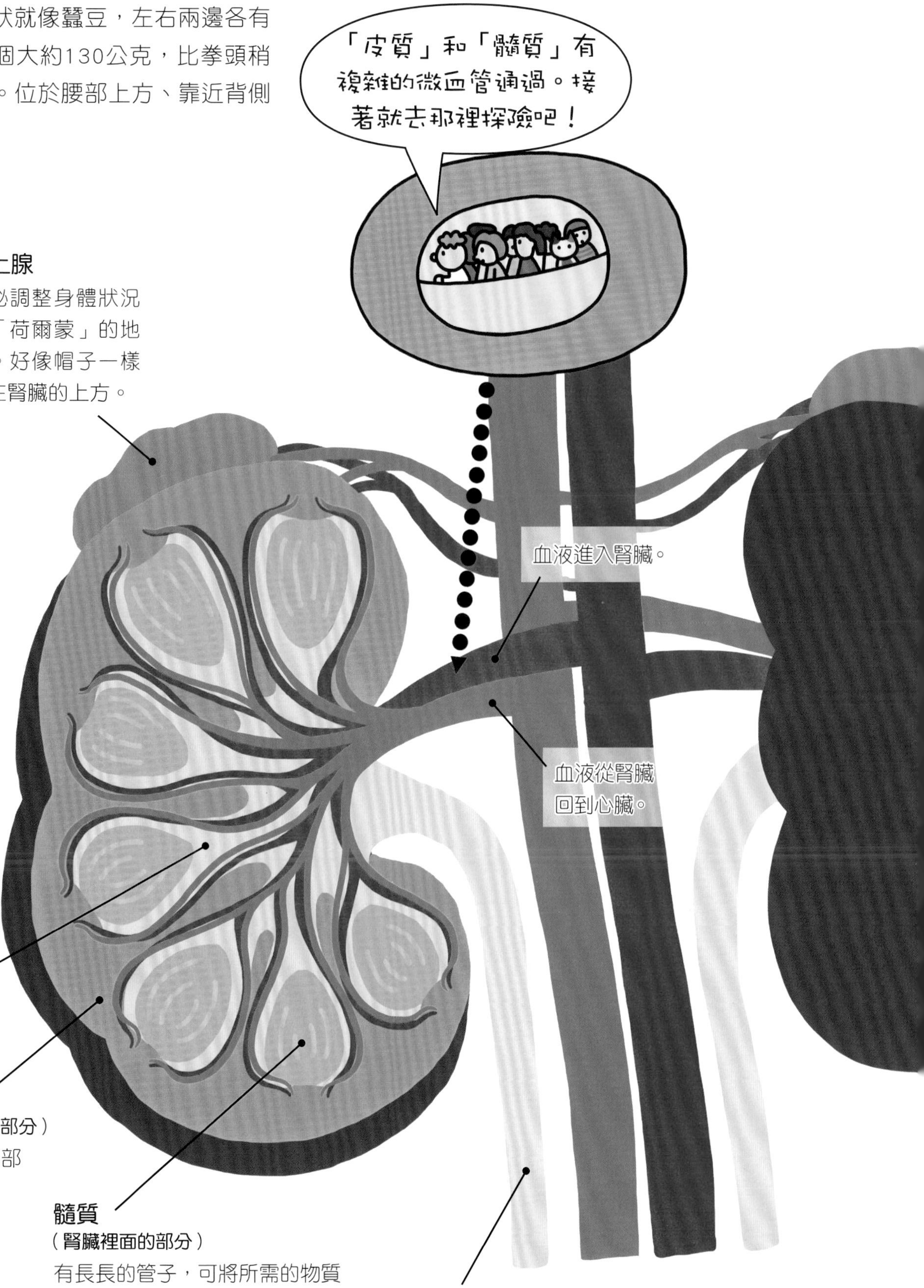

「皮質」和「髓質」有複雜的微血管通過。接著就去那裡探險吧！

腎上腺
分泌調整身體狀況的「荷爾蒙」的地方。好像帽子一樣戴在腎臟的上方。

血液進入腎臟。

血液從腎臟回到心臟。

腎盂
收集尿液的管子。

皮質
（腎臟外層的部分）
濾出血液的部分。

髓質
（腎臟裡面的部分）
有長長的管子，可將所需的物質再利用，不需要的物質則丟棄。

尿管
將尿液輸送到膀胱（→57頁）的管子。

從血液裡製造「尿液的原料」

在腎臟「皮質」的地方，有許多微血管的末端會形成像毛線球般的團狀，被囊袋包裹著，水分就透由血管上的小孔，被推入囊袋中。

這個時候，紅血球・白血球和蛋白質等會留在血液中，其他的物質則會被擠到囊袋裡，成為「尿液的原料」。囊袋的末端形成彎曲的管子，最後連接到膀胱。像這樣的構造，一個腎臟就有100萬個。

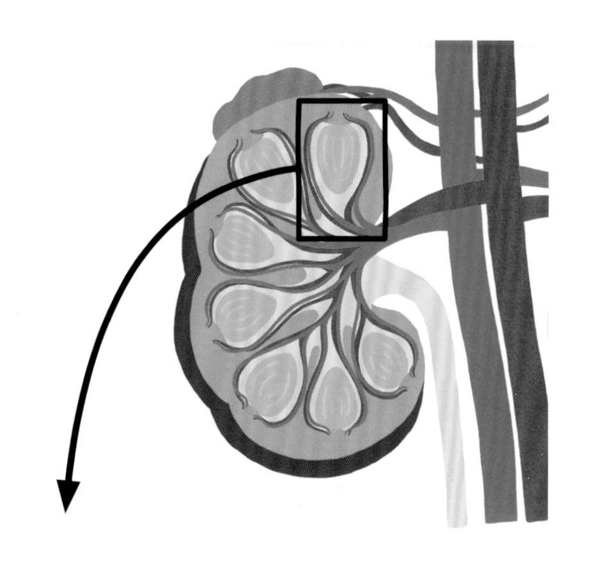

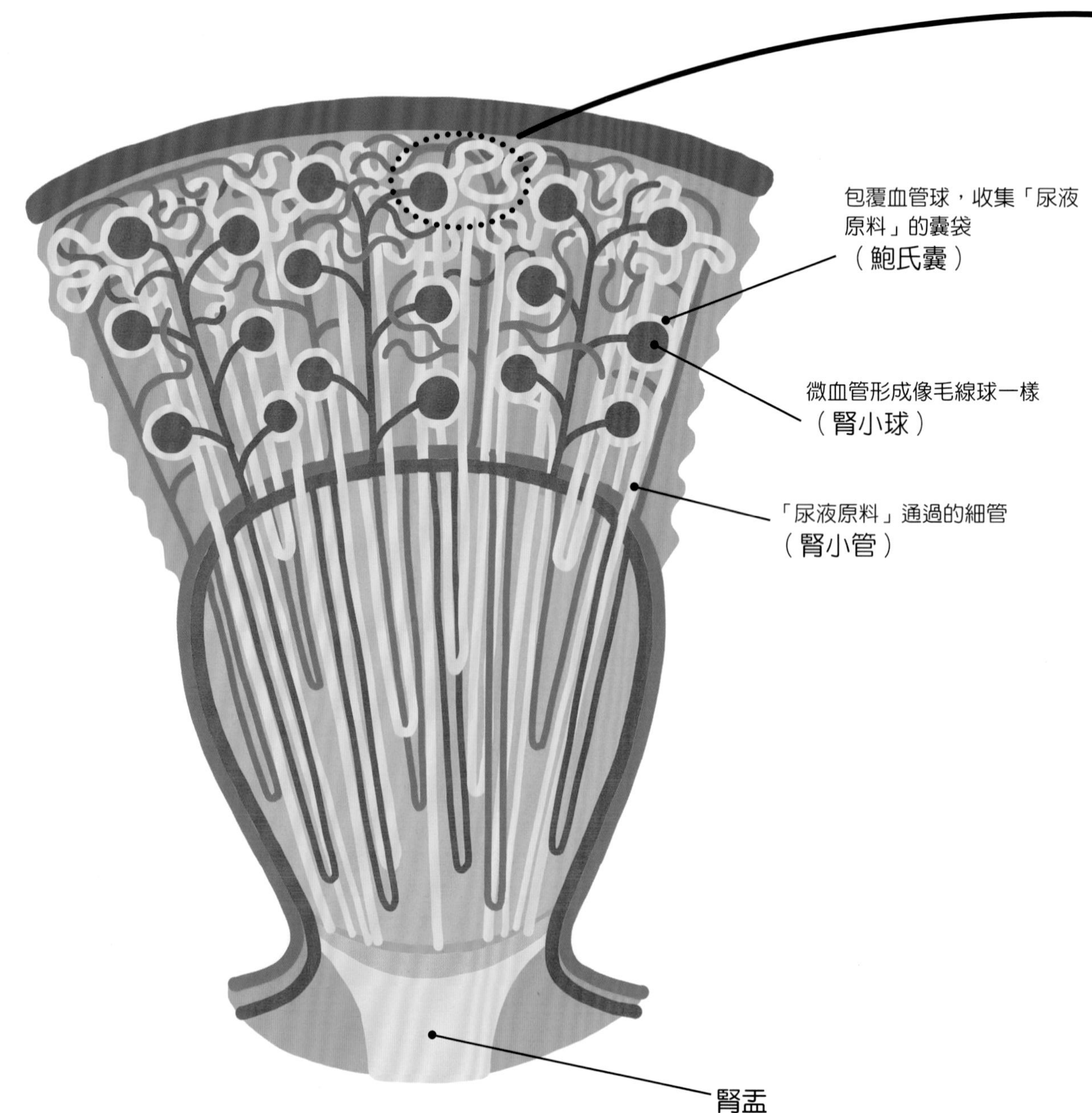
包覆血管球，收集「尿液原料」的囊袋
（鮑氏囊）
微血管形成像毛線球一樣
（腎小球）
「尿液原料」通過的細管
（腎小管）
腎盂

參考資料《新版身體的地圖手冊》（佐藤達夫監修／講談社）

讓我們來詳細看看製造尿液的過程吧！

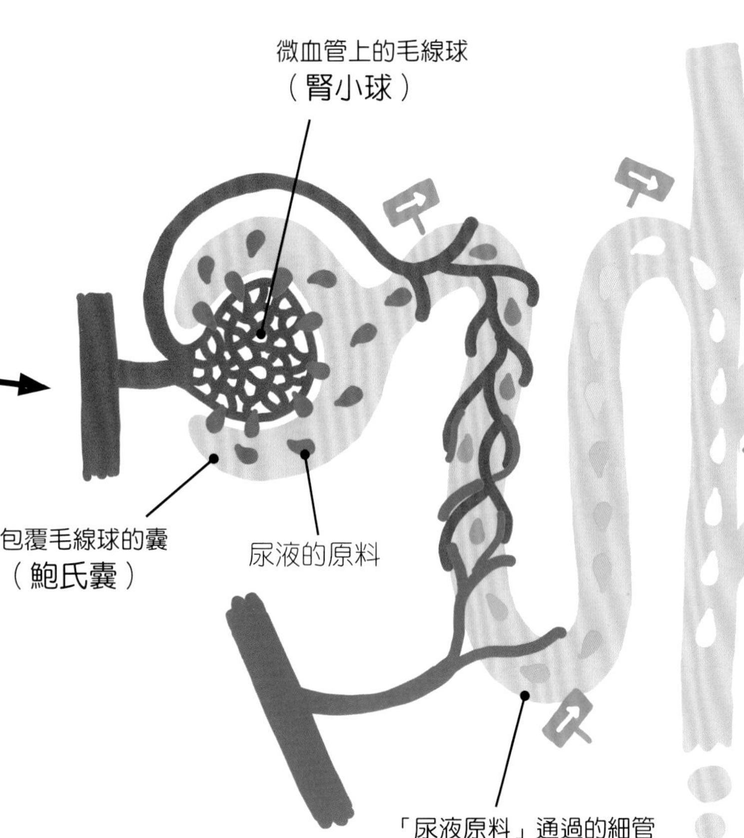

微血管上的毛線球
（腎小球）
包覆毛線球的囊
（鮑氏囊）
尿液的原料
「尿液原料」通過的細管
（腎小管）

長達 40 ～ 80 公里的回收中心

「尿液的原料」通過的細長管子，1條的長度是2～4公分。2個腎臟合計長度可達40～80公里。在通過這裡的途中，所有可以再利用的物質全部都會回到血管中。

有汽油桶7桶份的血液通過

皮質微血管上的毛線球，1 分鐘大約可過濾半杯份的血液，並將水分擠到囊袋中。如果計算一天的分量，可達 1400 ～ 1500 公升，也就是 7 桶汽油桶的分量。

尿液只有1%

從 7 桶汽油桶份的血液中，可製造出 140 ～ 150 公升的「尿液原料」。雖然製造了非常大的量，不過在通過細管的途中，99%都會再度被血管吸收，回到身體裡。剩餘的 1%才會變成尿液。尿液一天的量大約是 1.5 公升。

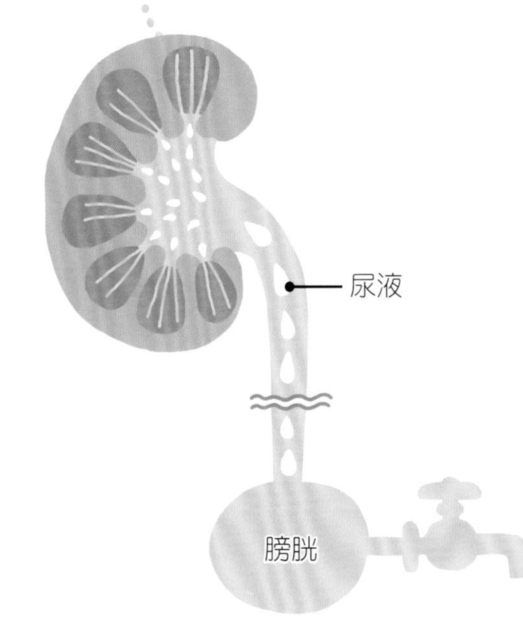

尿液
膀胱

1
各位！接下來要變得更小，再去探險囉！
好！
好！
2 往腎小球
怎麼了～根本是迷宮～
腎小球
鮑氏囊
3 從腎小球往鮑氏囊
哎呀～
約0.1微米（10000分之1公釐）的洞
鮑氏囊
4 從鮑氏囊往腎小管
鮑氏囊
的速度挺快嘛～
哇～
腎小管
5 終於要前往膀胱
呼呵
是人體的滑水道呢～
6 到達膀胱了！
這裡是怎樣～好大哦～!!
就快要離開了!!
7
和大衛的尿尿一起來到外面的世界。
哇～～～～～!!
8
歡迎回來！
廁所
喀嚓
太小了，根本看不到。
趕快照射放大光束吧!!
9
哇——!!
回來囉～！

尿液為什麼是黃色的？

尿液的顏色，是血液中的紅血球（→43～44頁）所造成的。老舊的紅血球在肝臟分解，到達腎臟後，轉換成不同的物質而變成黃色。這就成了尿液的顏色。

原料是我喲！

嬰兒在媽媽肚子裡也會尿尿！

肚子裡面的小寶寶會透過臍帶獲得來自媽媽的營養。因為身體會活動，所以會排出少量的尿液。嬰兒血中的廢物都會由母體吸收，所以尿液非常乾淨。會直接變成漂浮在寶寶四周的水。

人體的運作原來如此

太空中的尿液再利用

在太空站，大家所需的水都是由尿液製造出來的。人一天需要2公升的水才能存活，而要從地球送水上來是非常困難的。因此，太空船上所有人的尿液都會收集起來，過濾乾淨、消毒後，用來做為飲用水。

生物的
驚奇報導

各種生物的排泄方式

生物的身體不會儲存不需要的東西，所以任何生物都會排尿排便。
不過，排泄的方式會依不同的生物而異。

昆蟲

昆蟲會將尿液和糞便一起排出。蟬排泄出來的東西看似尿液，其實裡面也有糞便。就連蚊子也會排尿排便，牠們會在物體上磨蹭，排出極微量的黏稠物。

海水魚
喝很多水
少量排出

幾乎不喝水
淡水魚
大量排出

魚類和青蛙

魚類和青蛙也會排尿，不過海裡的魚在喝了大量的海水後，只會排出少量的尿液；河川和池塘裡的魚則幾乎不喝水，卻會排出大量淡淡的尿液。這是因為體內的水和周圍的水「濃度」不同，為了將體內的水和周圍的水保持在相同的「濃度」，所以會用排尿來進行調整。

鳥類

鳥類也會排尿，但因為水分已經被充分吸收了，所以會呈現小小的白色塊狀。由於排尿和排糞的管子會在出口附近合而為一，所以尿液會和糞便一起排出來。鳥糞大多都是偏白色的，其中白色的部分就是尿液。

滴落

微旅程 3

眼睛・耳朵・鼻子和腦部的旅程

本單元審定者：杜權恩 醫師

腦部旅程
準備中
烤番薯～
抽動
抽動

卡喳
烤番薯的，等一下啊～
脫落
四散
傾倒

烤番薯的香甜氣味
聞聞
嗅嗅
真讓人垂涎啊！
怎麼會這麼香！

請慢慢挑。
博士的看起來比較好吃……
大衛挑的比較大吧？
偷瞄
偷瞄

啊～竟然在吃烤番薯！不是要前往腦部之旅了嗎!?
這也是旅行的準備作業啊！
沒錯！呼～呼～

吃烤番薯也是在準備嗎？博士～
太好了～
是啊！這是在讓腦部全速運轉。
大家都有份喔！請用。
好，接著看下一頁。

喔～～
光是買個烤番薯，就要用到腦部這麼多地方呢！

從眼睛、鼻子、耳朵、舌頭、皮膚等處接收到的情報，全都可以由腦部來「感覺」。而各種情報所傳達的地方也各不相同，例如來自眼睛的情報會傳達到後頭部，來自耳朵的情報會傳達到耳朵上方等。

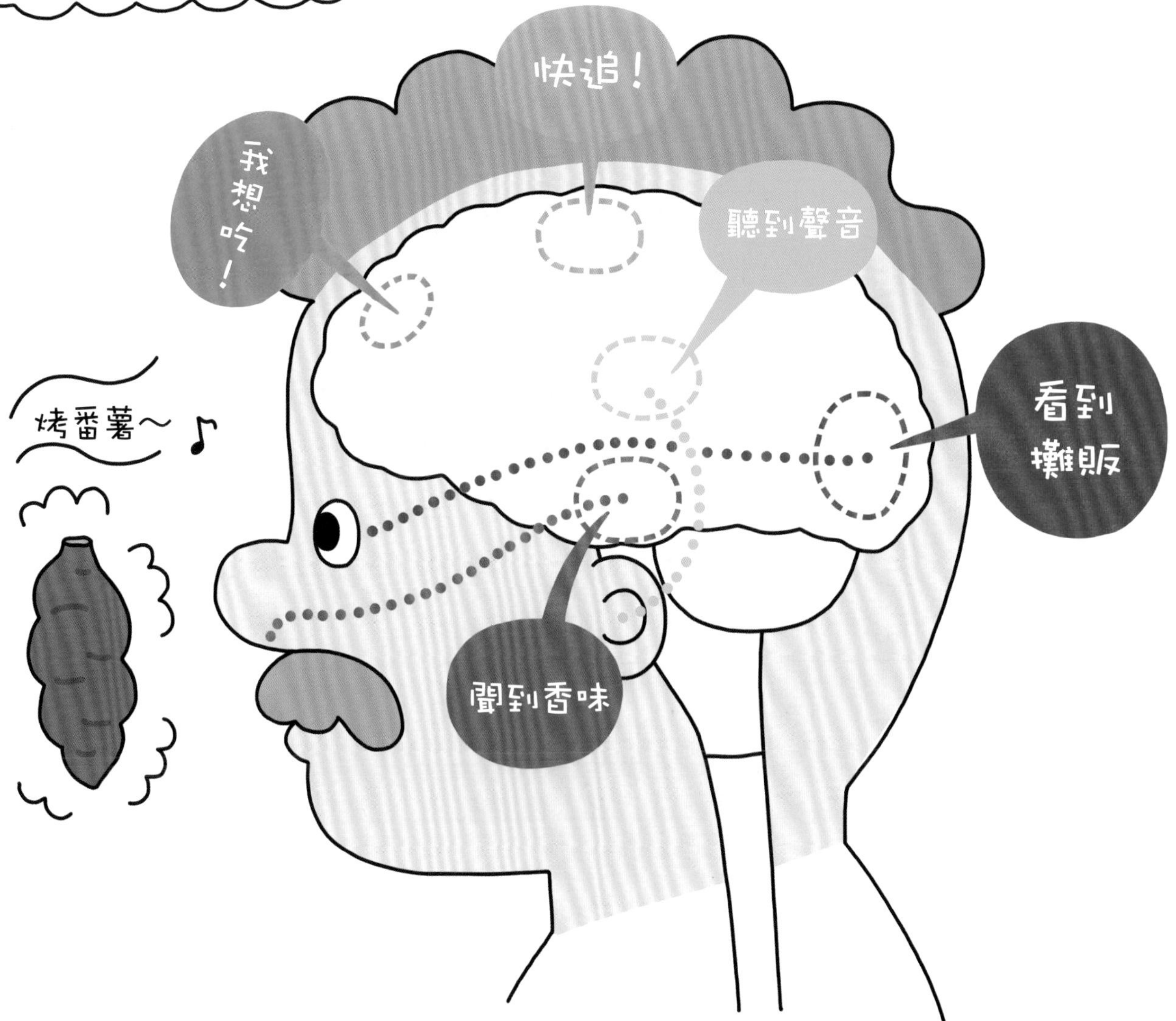
快追！
我想吃！
聽到聲音
看到攤販
烤番薯～♪
聞到香味

除此之外，還有說話、感覺味道、跑步、動手挑選等等。幾乎我們所做的每件事，如果沒有腦部是辦不到的！那麼，接下來就出發前往腦部和感覺之旅吧！

什麼都能拍下來的超級照相機

眼睛

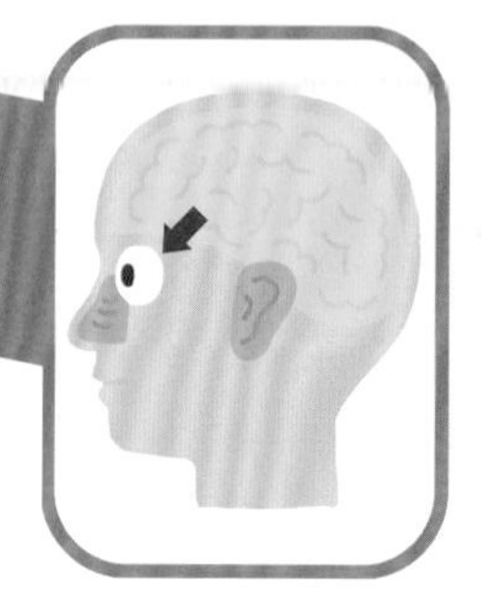

我們透過眼睛來看東西。在眼睛裡，有像照相機鏡頭和底片的構造，看到東西的原理和照相機照相的功能非常相似。

哦～睫毛的數量
還挺多的呢！

睫毛具有保護眼睛避免
灰塵進入的功用呢…
眨眼
滾落
哇～～!!

如果是少量的
灰塵，就可以
輕輕彈掉～
哎呀～～
彈開

眉毛

避免額頭的汗水或水滴進入眼睛。左右合計約1300根。

眼皮

保護眼睛避免寒冷或乾燥，是「眼睛的蓋子」。

睫毛

保護眼睛避免灰塵等進入眼睛。上面約有100～150根，下面約有50～70根。

瞳孔

光線進入的地方。

虹膜

眼珠外圍的褐色部分。能調節進入瞳孔的光量。

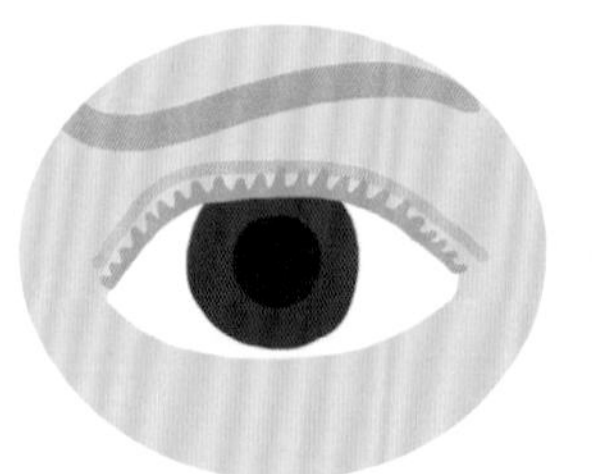

瞳孔在暗處會變大。

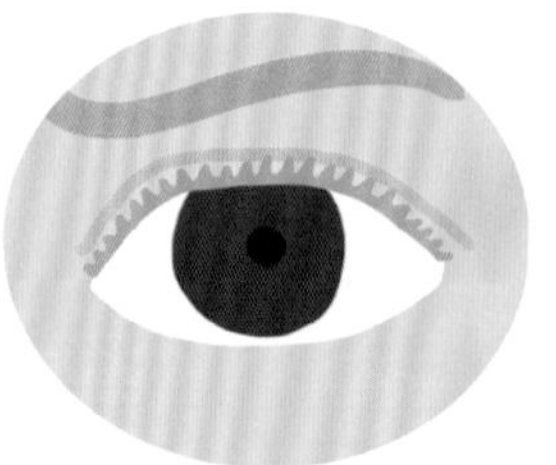

在亮處會變小。

眨眼是在清潔眼睛

一眨眼，就會流出少量淚水。除了能避免乾燥之外，也有清除眼睛表面的灰塵、保持清潔的作用。嬰兒1分鐘大約會眨眼3～13次，成人1分鐘則大約是20次。

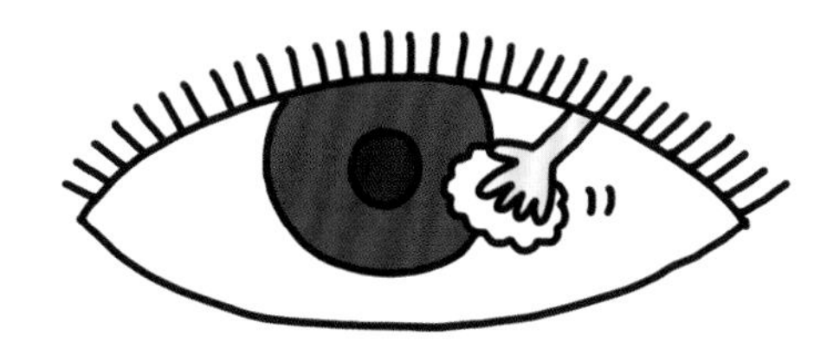

眼睛的顏色是由什麼形成的？

眼睛的顏色，是由虹膜中所含的黑色素數量和大小所決定的。黑色素小，數量也少的人，就會有藍色的眼睛；如果稍微多一點，就會帶有一點綠色。深褐色，是世界上為數最多的眼睛顏色。另外，藍眼睛的小寶寶，長大後也可能會變成灰色或褐色的眼睛。

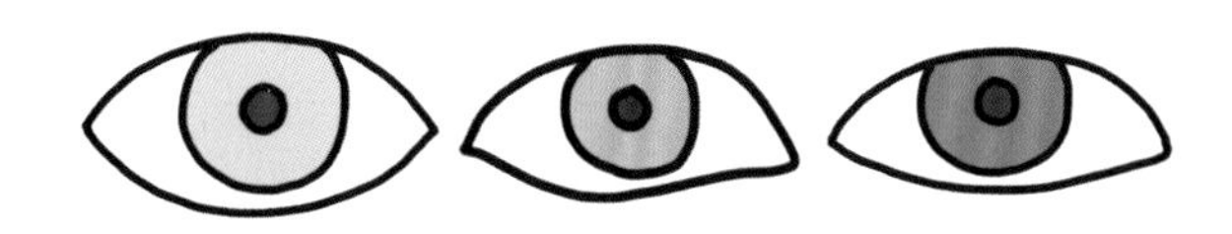

利用6條肌肉進行轉動

成人的眼球直徑是2.3～2.4公分，是個柔軟的小圓球，重量有7.4公克。剛好可以嵌入頭蓋骨（→87頁）中稱為「眼窩」的大洞裡。

上面有6條肌肉附著，可以配合想看的方向，轉動眼球。

剛好能嵌入眼窩裡

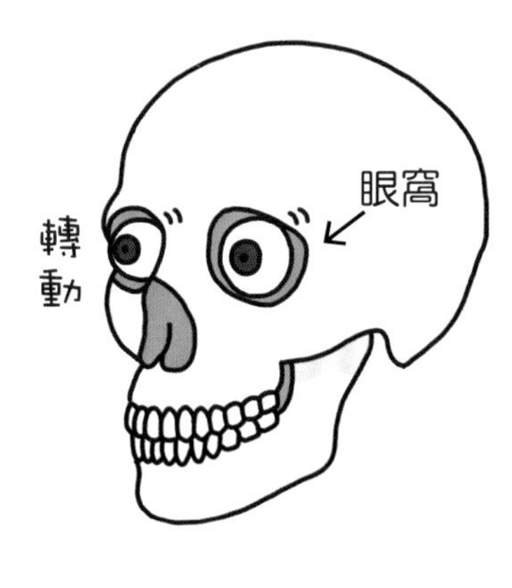
眼窩
轉動

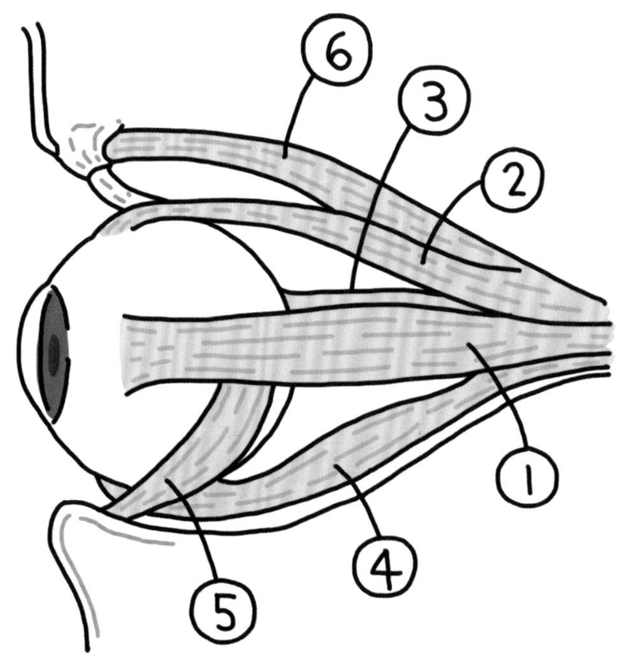
6
3
2
1
4
5

眼睛裡面是什麼樣的構造？

眼睛是由有鏡頭功能的「水晶體」、佔了眼睛大部分的「玻璃體」，以及覆蓋於其上的3層膜所形成的。下面就一邊和照相機的構造做比較來看看吧！

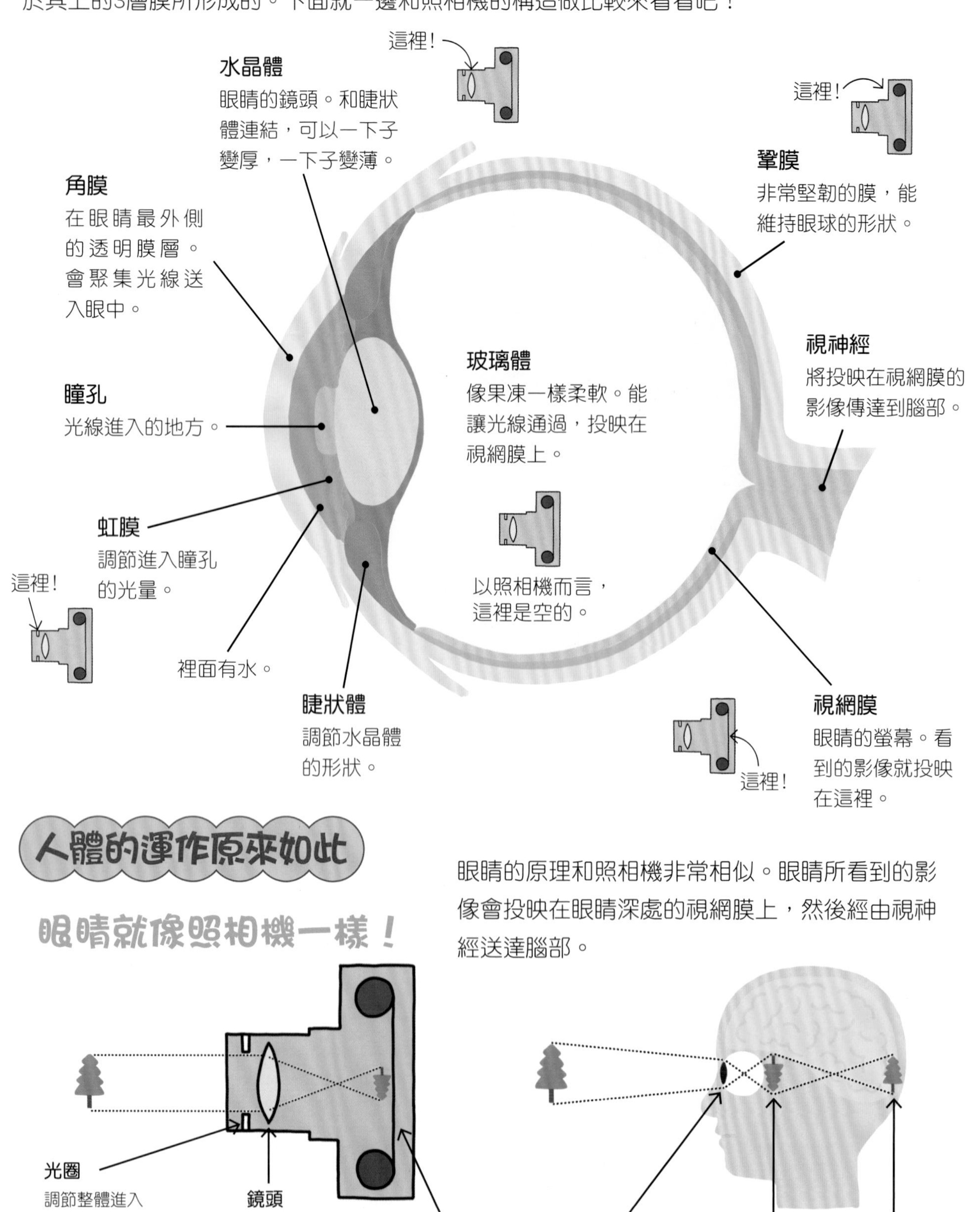

這裡！
水晶體
眼睛的鏡頭。和睫狀體連結，可以一下子變厚，一下子變薄。
這裡！
鞏膜
非常堅韌的膜，能維持眼球的形狀。
角膜
在眼睛最外側的透明膜層。會聚集光線送入眼中。
視神經
將投映在視網膜的影像傳達到腦部。
玻璃體
像果凍一樣柔軟。能讓光線通過，投映在視網膜上。
瞳孔
光線進入的地方。
虹膜
調節進入瞳孔的光量。
這裡！
以照相機而言，這裡是空的。
裡面有水。
睫狀體
調節水晶體的形狀。
視網膜
眼睛的螢幕。看到的影像就投映在這裡。
這裡！

人體的運作原來如此

眼睛就像照相機一樣！

眼睛的原理和照相機非常相似。眼睛所看到的影像會投映在眼睛深處的視網膜上，然後經由視神經送達腦部。

光圈
調節整體進入的光量。
鏡頭
聚集光線，送達底片。
底片
光線變成影像後投映的地方。
水晶體
聚集光線，送達視網膜。
視網膜
光線變成影像後投映的地方。
腦的螢幕
把左右眼的影像合而為一。

看見東西的原理

就算物體的影像投映在視網膜上，但光是如此並無法「看見」。映照在視網膜上的影像，會通過視神經送達腦部，這時候我們才會有「看見了」的感覺。

此外，左眼和右眼所看到的東西會有少許的偏差。這些偏差會在腦部進行調節，因此我們才能立體地看見東西。

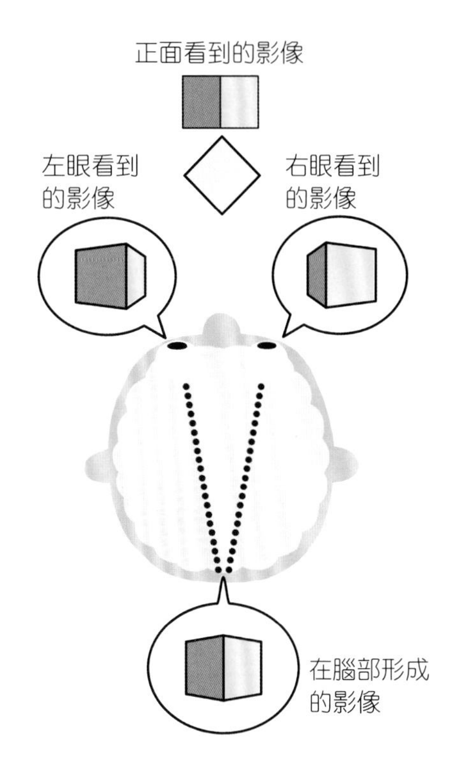

正面看到的影像
左眼看到的影像
右眼看到的影像
在腦部形成的影像

找出你的慣用眼！

就像人的手有右撇子和左撇子一樣，眼睛也有慣用眼。在臉部前方20～30公分處立一支鉛筆，用兩眼看，一邊將鉛筆對齊柱子之類的筆直物。接著再輪流閉上眼睛來看，鉛筆和柱子沒有偏差的那隻眼睛，就是你的慣用眼。

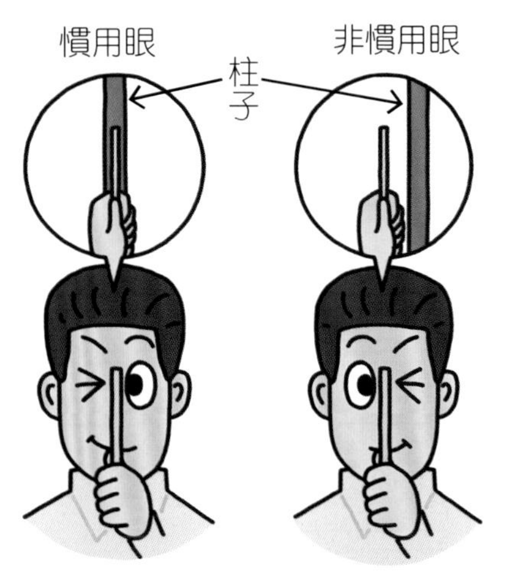

慣用眼
柱子
非慣用眼

眼睛也會「對焦」哦！

使用照相機拍照時，要前後挪動鏡頭，以調整到能夠清楚拍攝。而人的眼睛則可藉由調節水晶體的厚度來進行「對焦」，以便清楚看見遠物和近物。負責調節水晶體的是名為「睫狀體」的肌肉，會如圖般進行伸縮。

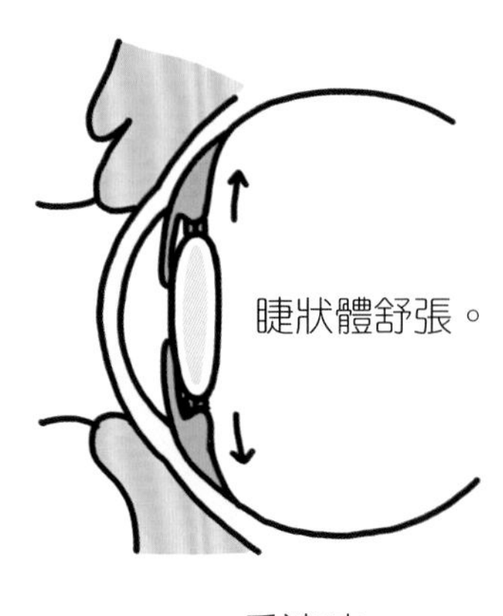

睫狀體舒張。

看遠時

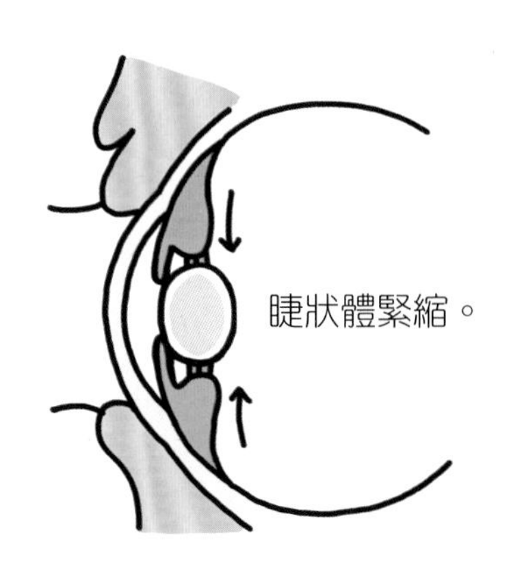

睫狀體緊縮。

看近時

接下來就變成微尺寸，來走走眼睛通往鼻子的捷徑吧！
從眼睛
往鼻子？

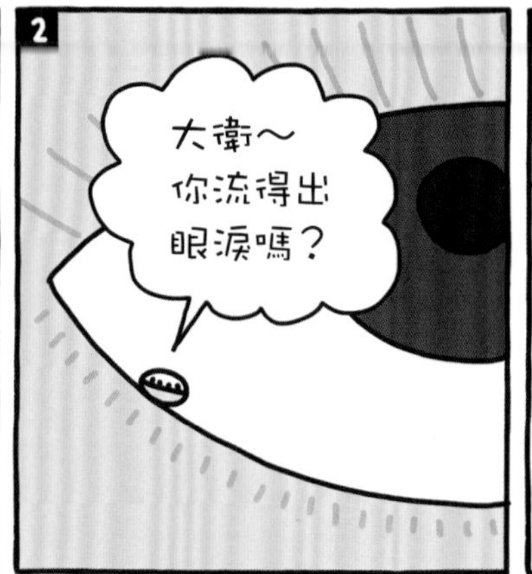
大衛～你流得出眼淚嗎？

龍龍與忠狗……賣火柴的小女孩……小狐狸阿權……
淚眼
汪汪
難以招架
悲傷的故事

看，前方的洞就是了！
淚如泉湧
通往鼻子的路
馬頭琴的故事……
哭泣的紅鬼……

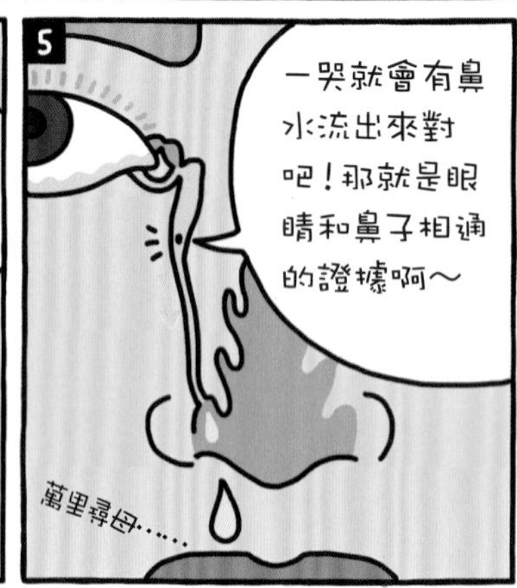
一哭就會有鼻水流出來對吧！那就是眼睛和鼻子相通的證據啊～
萬里尋母……

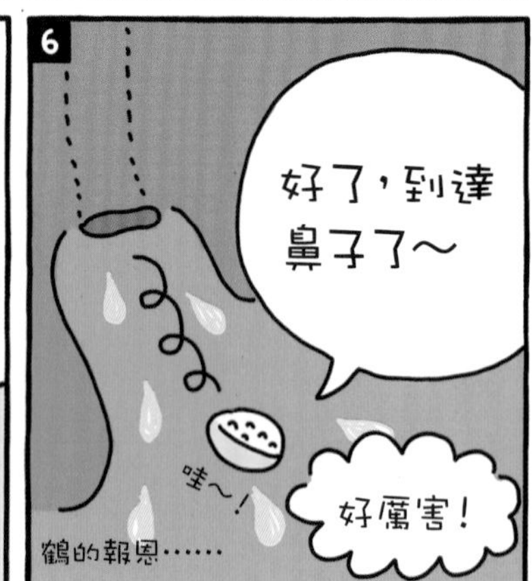
好了，到達鼻子了～
哇～！
好厲害！
鶴的報恩……

淚水是從哪裡出來？在哪裡消失的？

淚水是由上眼皮內側的「淚腺」製造的。在我們醒著的時候會不斷地製造，從淚腺經過細微的管子，在每次眨眼的時候分布到眼睛的表面。

然後，再從眼頭的2個小孔流往鼻子。由於一次流出的淚水只有0.002毫升，非常少量，所以我們是不會有感覺的。

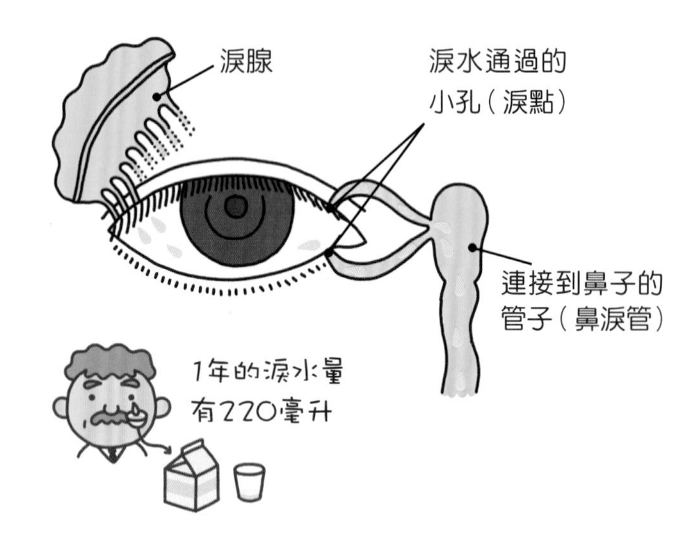
淚腺
淚水通過的小孔（淚點）
連接到鼻子的管子（鼻淚管）
1年的淚水量有220毫升

用淚水的力量來消滅細菌

淚水的成分大部分是水。除此之外，裡面還有鹽分和蛋白質。淚水除了清潔眼睛之外，也有給予角膜營養的功能。

此外，淚水中也有「溶菌酶」這種可以消滅細菌的成分，具有保護眼睛免受細菌侵害的功能。

3種作用
清潔
營養
殺菌

生物的
驚奇報導

生物的眼睛

眼睛比腦部還要大的鴕鳥

鴕鳥的眼睛非常大，直徑有5公分，重量可達60公克。由於鴕鳥的腦部只有40公克，所以鴕鳥的眼睛比腦部還要重。牠的視力比鷲和鷹都要好，能夠清楚分辨出3～4公里遠的東西。

啊？在哪裡？
發現獅子了！

有2種睫毛的駱駝

駱駝眼睛的長睫毛非常明顯，除此之外，在眼睛邊緣還長有許多特別的短睫毛。駱駝因為有這2種蓬亂的長睫毛和細密的短睫毛，才能保護眼睛以阻擋沙漠的沙塵。

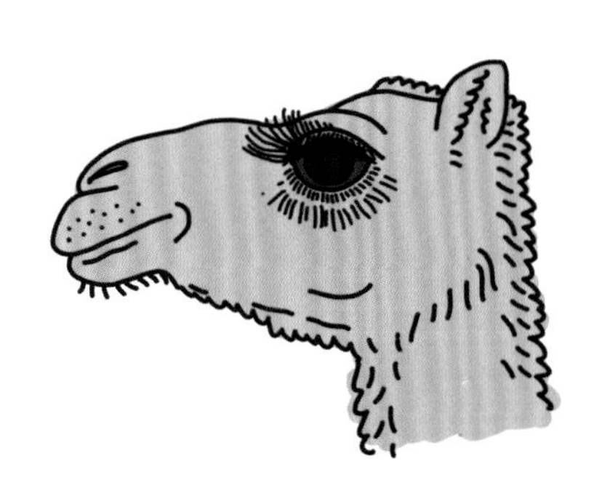

各式各樣的眼睛構造

為了配合各自的生態，生物擁有不同的眼睛構造。

昆蟲

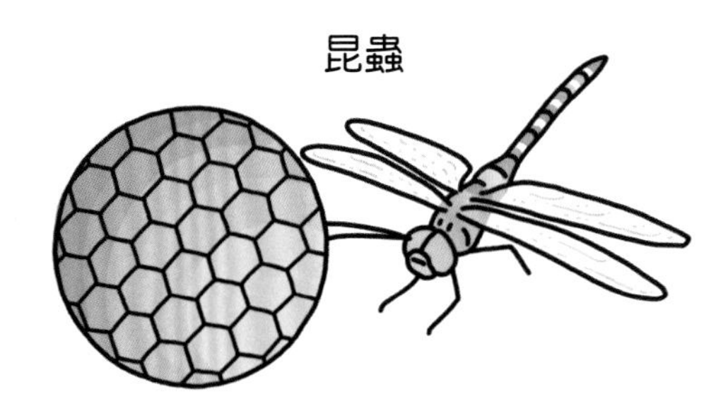

由許多細小的眼睛聚集而成。雖然無法看得很清楚，卻可以看到所有的方向。

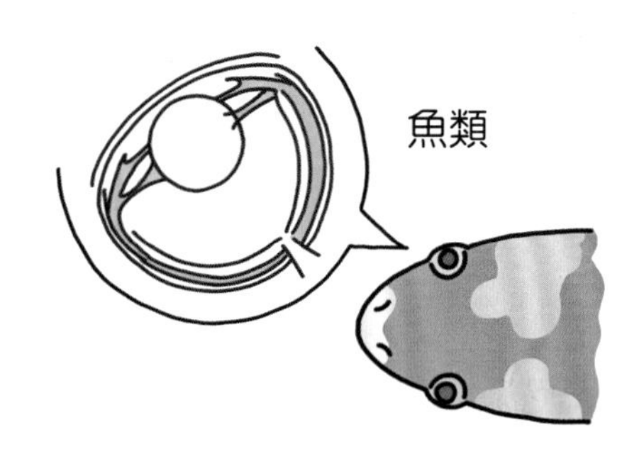

魚類

擁有圓滾滾、像玻璃珠一樣的透鏡。由於眼睛不會乾燥，所以沒有眼皮。

鳥類和青蛙的同伴

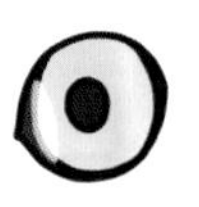

眼睛有稱為「瞬膜」的半透明薄膜。一般眼皮是上下開合，但瞬膜卻是橫向開合的。具有保護眼睛避免灰塵和風吹、防止眼睛乾燥的功能。

小小的超級感知器

耳朵

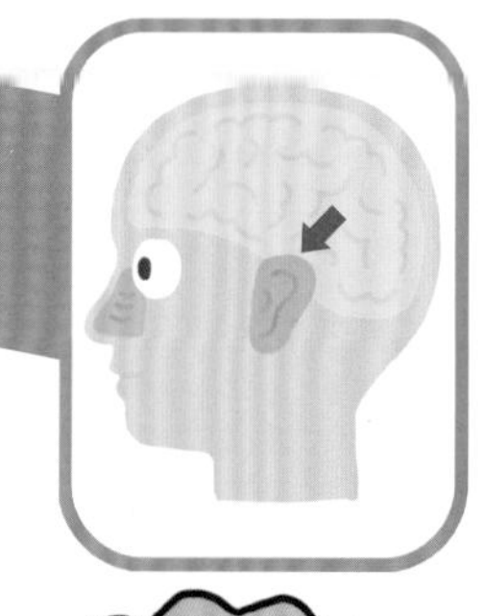

我們的臉左右各有1只耳朵，不過耳朵並非只有從外觀可見的部分而已。在鼓膜的另一側，還有接收、傳達聲音的構造，包含這些部位在內，全部都算是「耳朵」。

出發囉！

耳朵裡面也長著好多毛哦！

這些毛會捉住耳垢和灰塵呢！

變光滑了喲～
就快可以看到鼓膜了～

哦～這就是鼓膜嗎～可以看穿到對面呢！
震動
震動
正在震動呢!!

耶～～！
鏘鏘～！
空氣吉他
咚滋咚滋
突然來個搖滾!?
咚滋咚滋

大家也一起來跳舞吧～搖咧～！
咚滋咚滋
耶～～！
不停抖動
震動
震動

耳朵是心靈的入口!?

很久以前的人們，曾經認為耳朵是通往心靈的入口。古埃及相信人在出生時，靈魂會從右耳進入，死亡時靈魂則會從左耳出去。寺廟裡大佛的耳朵也都製作得特別大，據說這是為了要聽見許多人們的聲音。

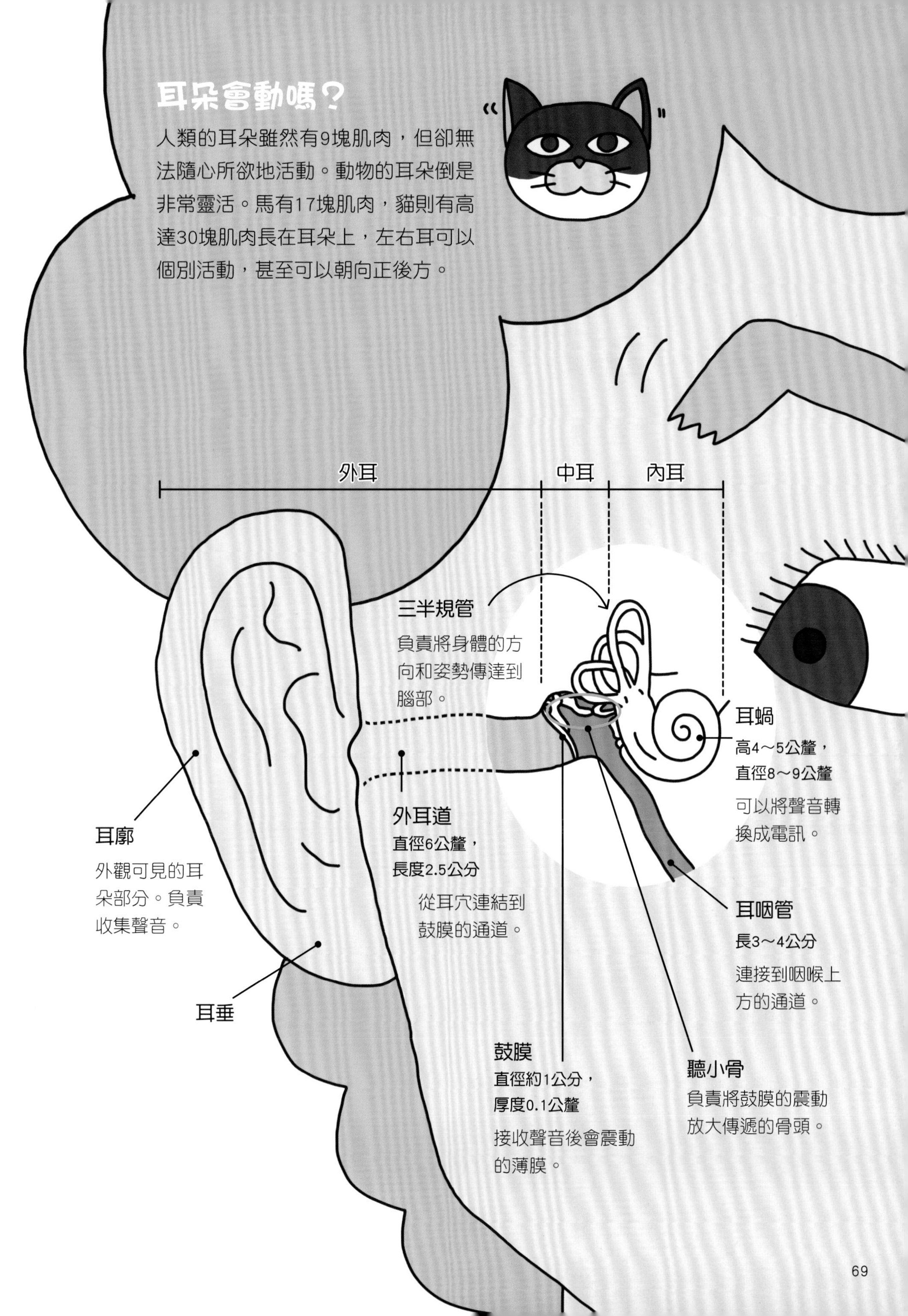
耳朵會動嗎？
人類的耳朵雖然有9塊肌肉，但卻無法隨心所欲地活動。動物的耳朵倒是非常靈活。馬有17塊肌肉，貓則有高達30塊肌肉長在耳朵上，左右耳可以個別活動，甚至可以朝向正後方。
外耳
中耳
內耳
三半規管
負責將身體的方向和姿勢傳達到腦部。
耳蝸
高4～5公釐，直徑8～9公釐
可以將聲音轉換成電訊。
外耳道
直徑6公釐，長度2.5公分
從耳穴連結到鼓膜的通道。
耳廓
外觀可見的耳朵部分。負責收集聲音。
耳垂
耳咽管
長3～4公分
連接到咽喉上方的通道。
鼓膜
直徑約1公分，厚度0.1公釐
接收聲音後會震動的薄膜。
聽小骨
負責將鼓膜的震動放大傳遞的骨頭。

聽到聲音的原理

當我們「咚！」地敲鼓時，只要摸一下大鼓的皮，就可以感受到微微的震動。這個震動經由空氣傳導，送達耳朵後就是我們聽到的「聲音」。
空氣的震動進入耳朵後，使鼓膜震動，再傳送到中耳、內耳，到達腦部。這時我們才會感覺有「聲音」的存在。

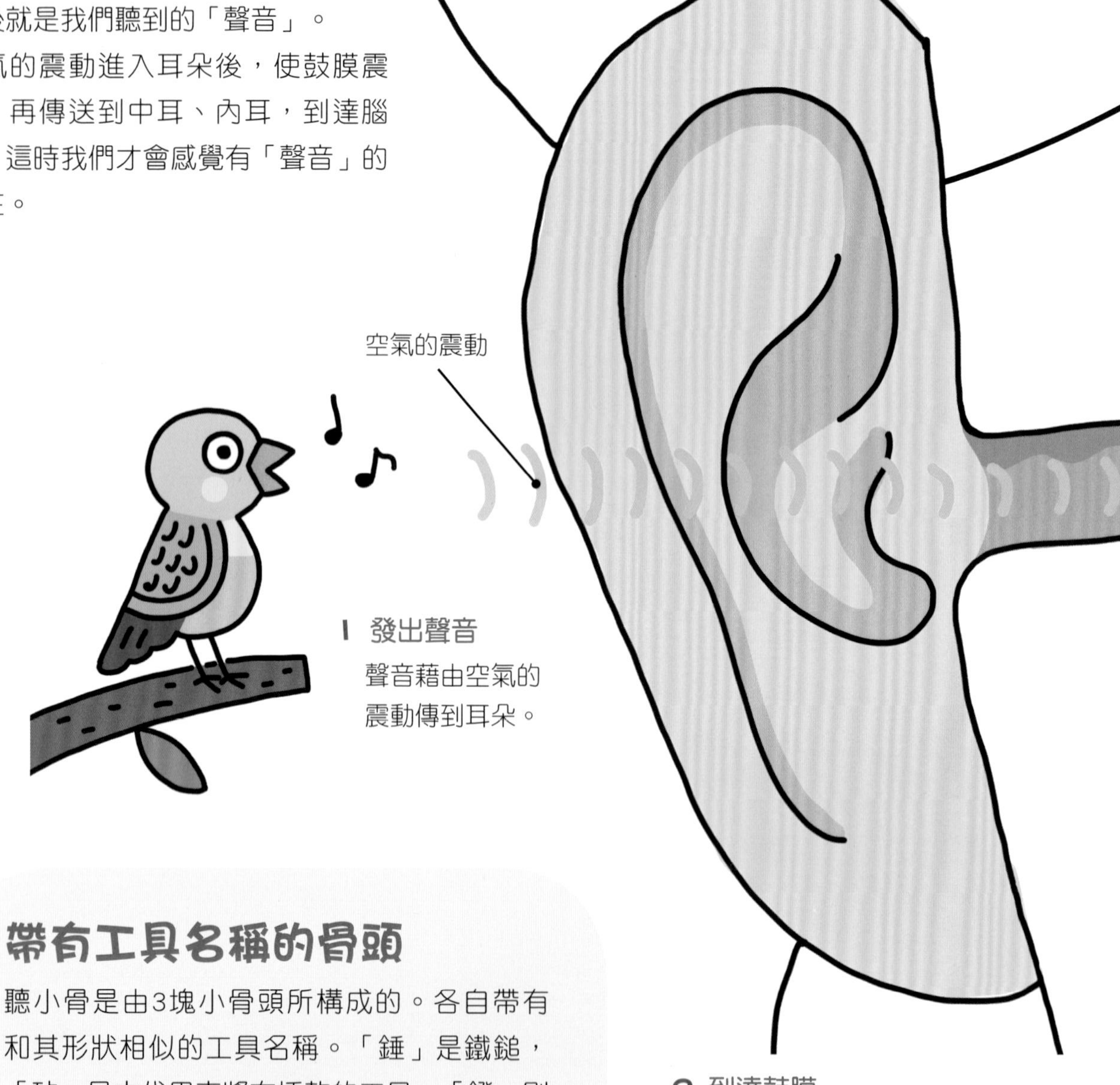
空氣的震動
1 發出聲音
聲音藉由空氣的
震動傳到耳朵。

帶有工具名稱的骨頭

聽小骨是由3塊小骨頭所構成的。各自帶有和其形狀相似的工具名稱。「錘」是鐵鎚，「砧」是古代用來將布捶軟的工具，「鐙」則是騎馬時用來踏腳的工具。

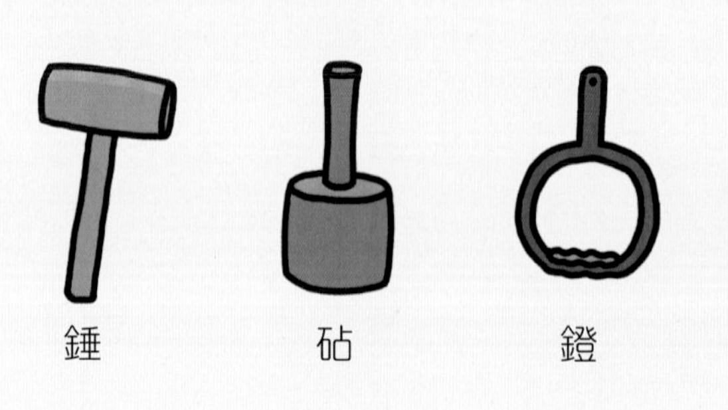
錘
砧
鐙

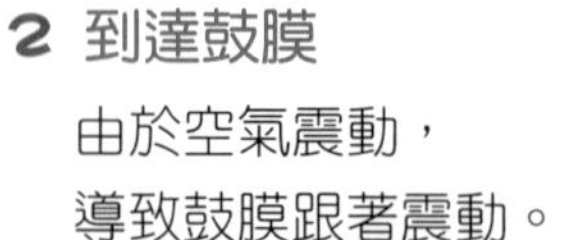
2 到達鼓膜
由於空氣震動，
導致鼓膜跟著震動。

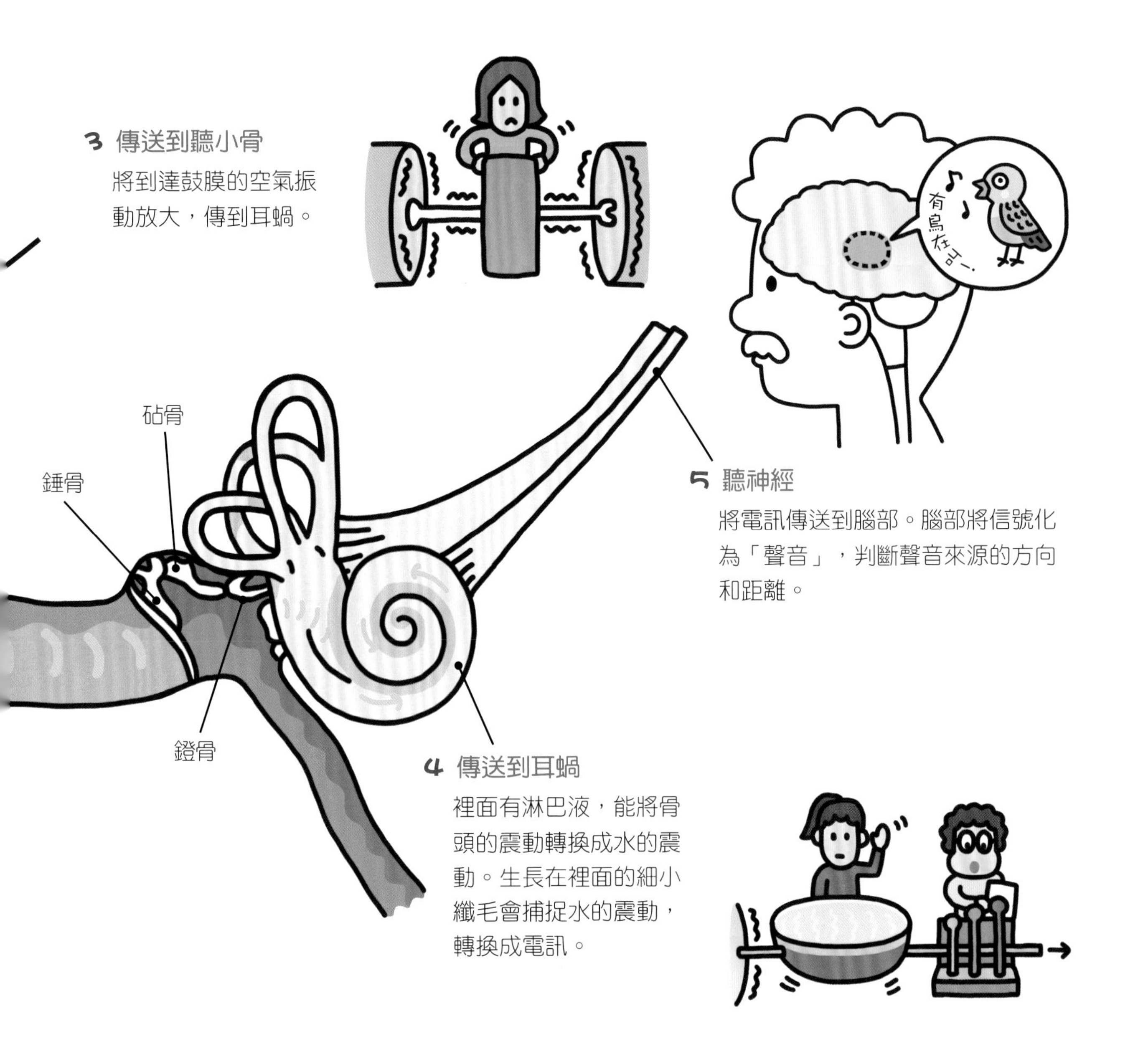
3 傳送到聽小骨
將到達鼓膜的空氣振動放大，傳到耳蝸。
有鳥在叫！
砧骨
錘骨
鐙骨
5 聽神經
將電訊傳送到腦部。腦部將信號化為「聲音」，判斷聲音來源的方向和距離。
4 傳送到耳蝸
裡面有淋巴液，能將骨頭的震動轉換成水的震動。生長在裡面的細小纖毛會捕捉水的震動，轉換成電訊。

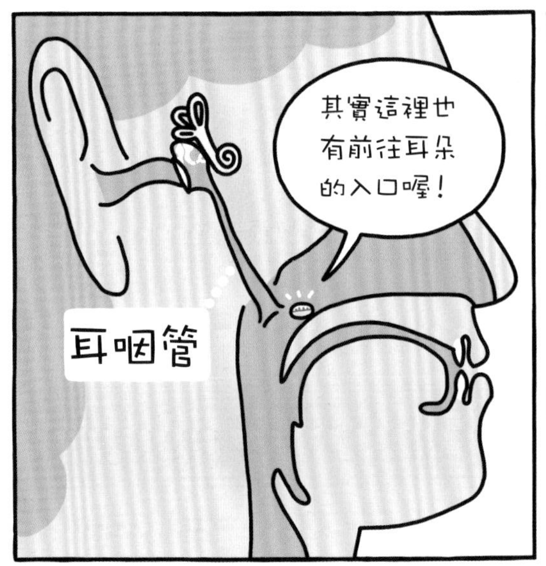
其實這裡也有前往耳朵的入口喔！
耳咽管

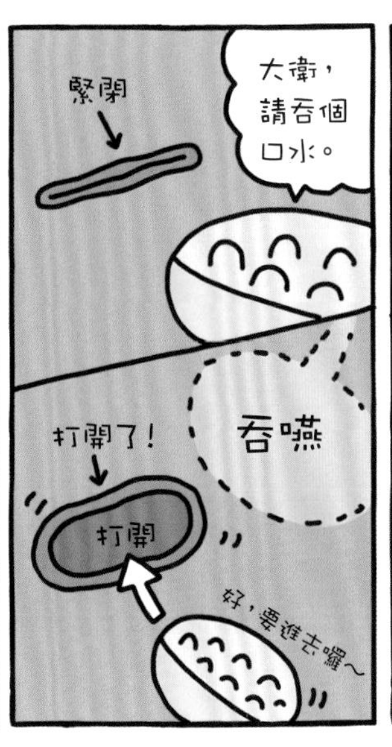
緊閉
大衛，請吞個口水。
吞嚥
打開了！
打開
好，要進去囉～

穿過又暗又細的管子……
鼓膜
這就是聽小骨，正在嗡嗡地震動著哩！

前面是內耳。這裡就到盡頭了……

前面其實很有趣的！就用透視照相機給你們看看吧！
拿出～
喲！等很久了！
太好了！

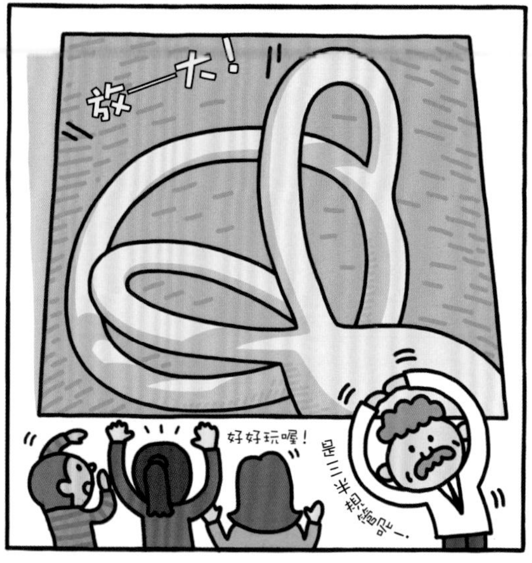
放—大！
好好玩喔！
是三半規管吧！

負責平衡的3個環圈

耳朵除了聽聲音之外，還有重要的功能。

附在耳蝸上的3個環圈稱為「三半規管」。裡面有淋巴液，淋巴液的傾斜度和流動狀態，會成為電訊傳送到腦部。腦部會將來自眼睛的情報和三半規管的信號綜合起來，判斷身體的方向和姿勢。

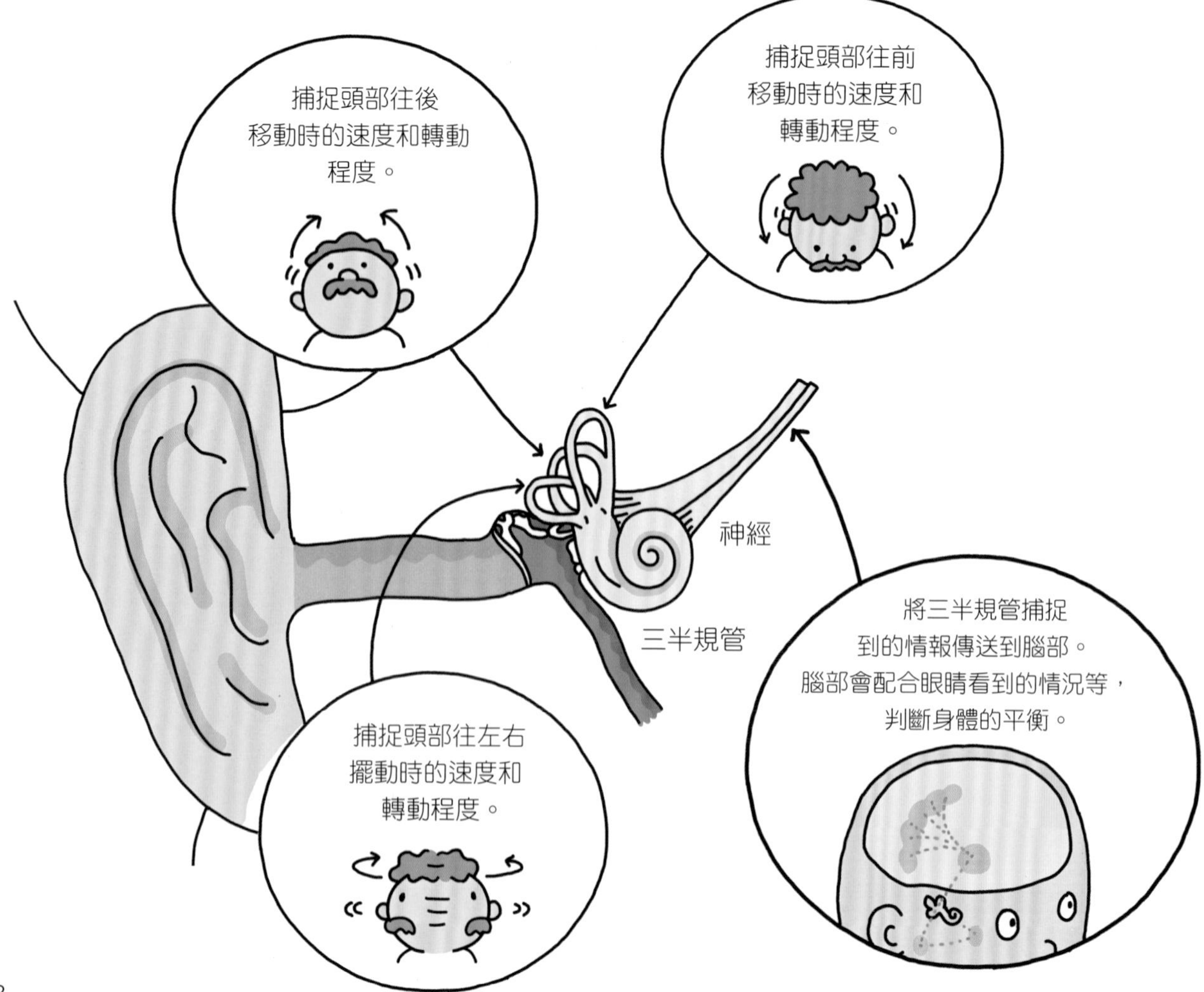
捕捉頭部往後移動時的速度和轉動程度。
捕捉頭部往前移動時的速度和轉動程度。
神經
三半規管
將三半規管捕捉到的情報傳送到腦部。腦部會配合眼睛看到的情況等，判斷身體的平衡。
捕捉頭部往左右擺動時的速度和轉動程度。

為何在遊樂園裡會玩得頭昏眼花？

在玩過遊樂園的咖啡杯或雲霄飛車後，身體可能會東倒西歪的。那是因為三半規管中的淋巴液還在晃動，所以腦部做出了「身體還在旋轉」的判斷。等到靜止不動，淋巴液的流動停止後，就不會再頭暈了。

生物的
驚奇報導

誰是聽力冠軍得主？

聲音的高和低，是由製造出聲音的空氣振動的傳送速度來決定的。以「赫茲」的單位來表示，數字越小聲音越低，數字越大則聲音越高。
人類可以聽到20赫茲到2萬赫茲的聲音。在動物界中，海豚是聽力冠軍，可以聽到20赫茲到30萬赫茲的聲音。蝙蝠可以聽到15萬赫茲的聲音，貓則可以聽到70赫茲～8萬赫茲的聲音。

1
只有耳孔

昆蟲有耳朵嗎？

昆蟲生活時也會用到聲音，所以也有耳朵。蝗蟲的耳朵長在後腿根上，蟋蟀的耳朵長在前腳，蜜蜂則是長在觸角上。因此牠們可以聽到人類聽不到的聲音，判斷雌蟲的所在以及空氣的流動等等。

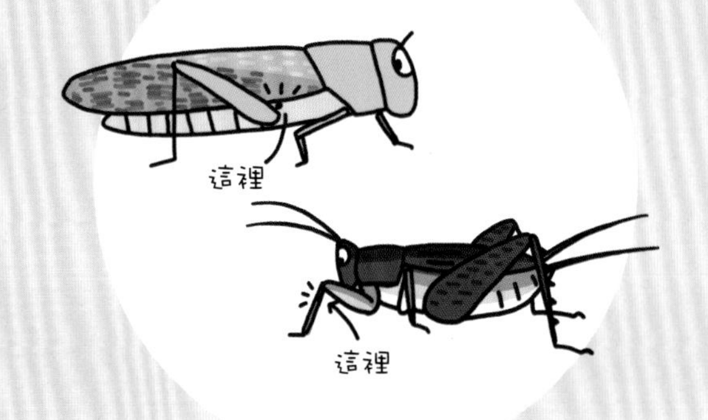
這裡
這裡

空氣和氣味的出入口
鼻子

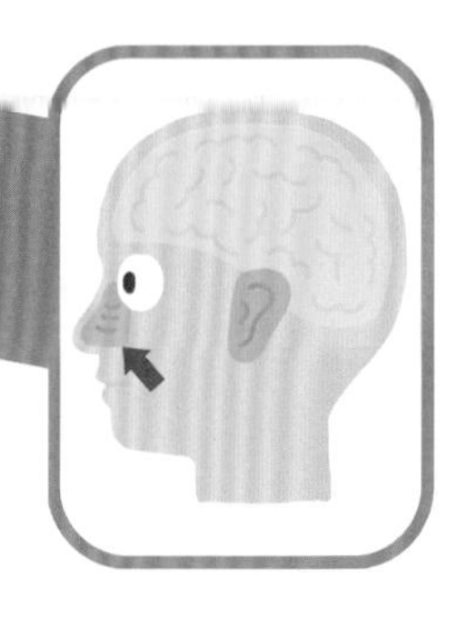

鼻子是呼吸時空氣進出的地方。此外，也有感覺氣味的功能。

好了，接下來是鼻子。你們認為鼻子裡面的構造如何呢？
不就是2個洞像吸管一樣相連接嗎？
鏘鏘——！
鼻子的內部
打開
亮出
其實鼻子裡面是很複雜的。
Z Z Z
那麼～就出發前往鼻子探險囉～

清淨空氣的隧道

空氣中漂浮著許多眼睛看不到的灰塵和黴菌，當它進入鼻子時，這些灰塵和黴菌會被除去，變得含有水分又溫暖。鼻子不但會清潔空氣，還會調節溫度和濕度，以免肺部受到傷害。

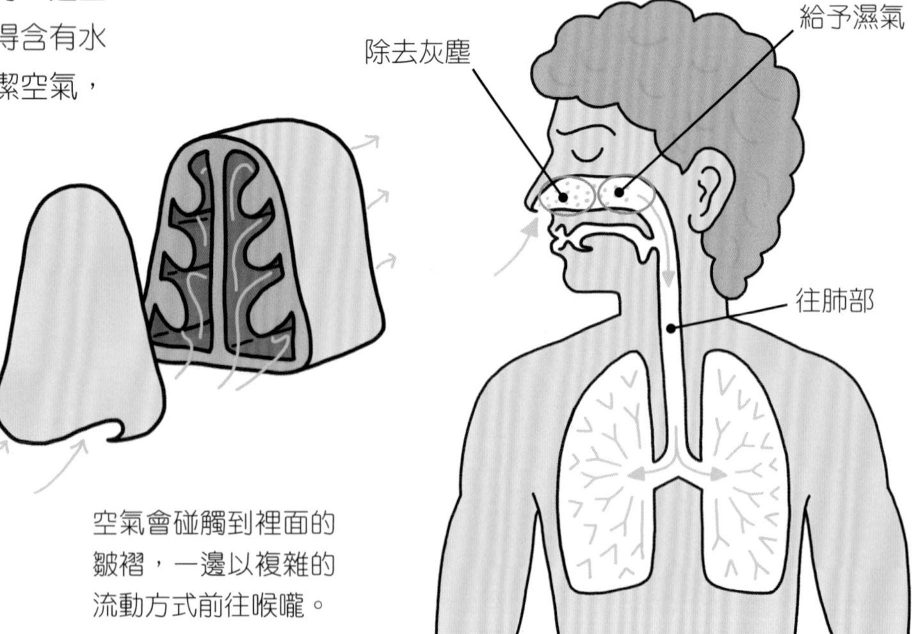

除去灰塵
給予濕氣
往肺部

空氣會碰觸到裡面的皺褶，一邊以複雜的流動方式前往喉嚨。

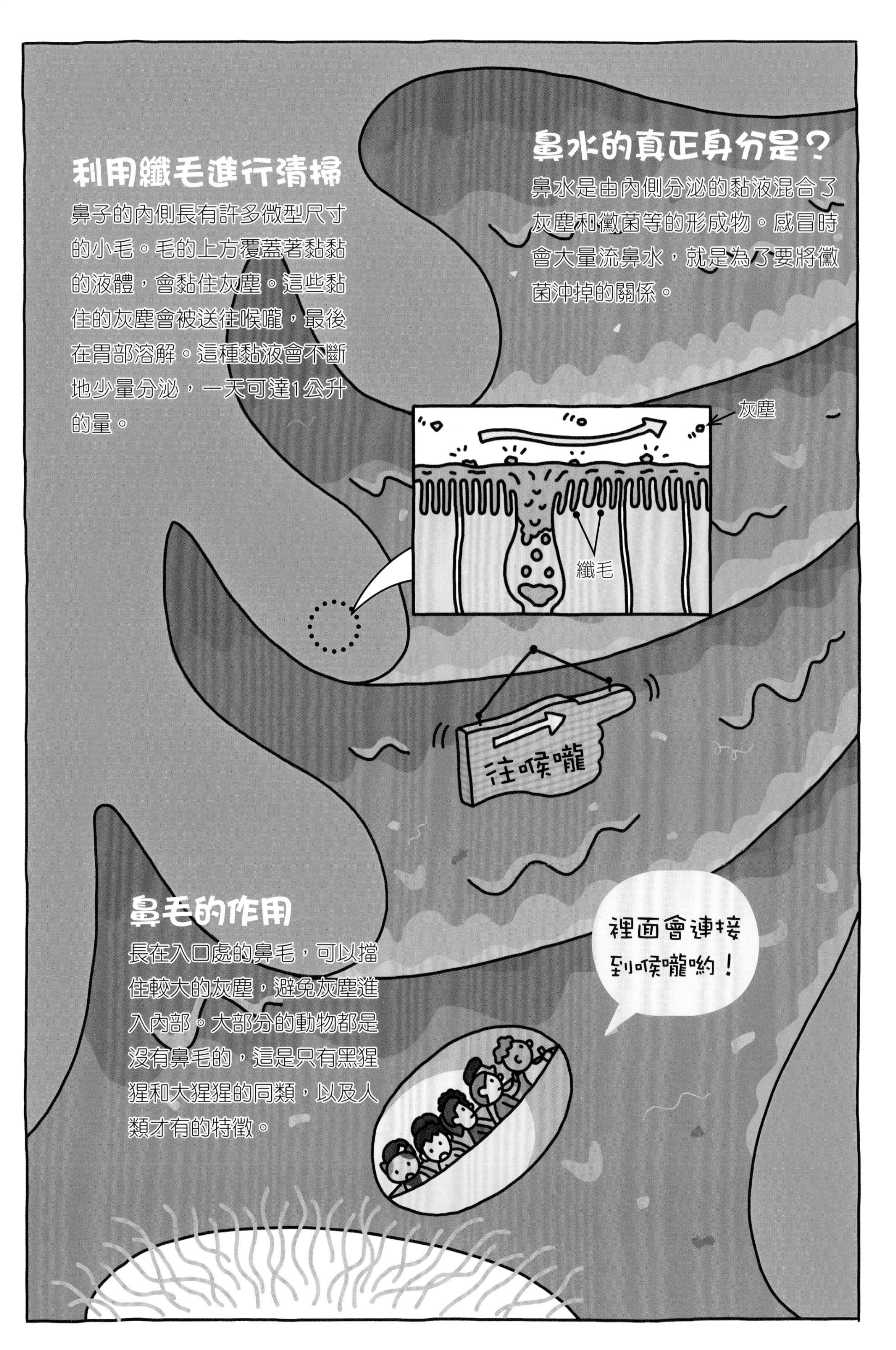
利用纖毛進行清掃
鼻子的內側長有許多微型尺寸的小毛。毛的上方覆蓋著黏黏的液體，會黏住灰塵。這些黏住的灰塵會被送往喉嚨，最後在胃部溶解。這種黏液會不斷地少量分泌，一天可達1公升的量。
鼻水的真正身分是？
鼻水是由內側分泌的黏液混合了灰塵和黴菌等的形成物。感冒時會大量流鼻水，就是為了要將黴菌沖掉的關係。
灰塵
纖毛
往喉嚨
鼻毛的作用
長在入口處的鼻毛，可以擋住較大的灰塵，避免灰塵進入內部。大部分的動物都是沒有鼻毛的，這是只有黑猩猩和大猩猩的同類，以及人類才有的特徵。
裡面會連接到喉嚨喲！

感覺氣味的構造

鼻孔的最上方有個感覺氣味的部位。那裡會長出稱為「嗅毛」的纖毛，這些嗅毛感覺到附著在黏液上的氣味粒子，然後將情報傳送到腦部。

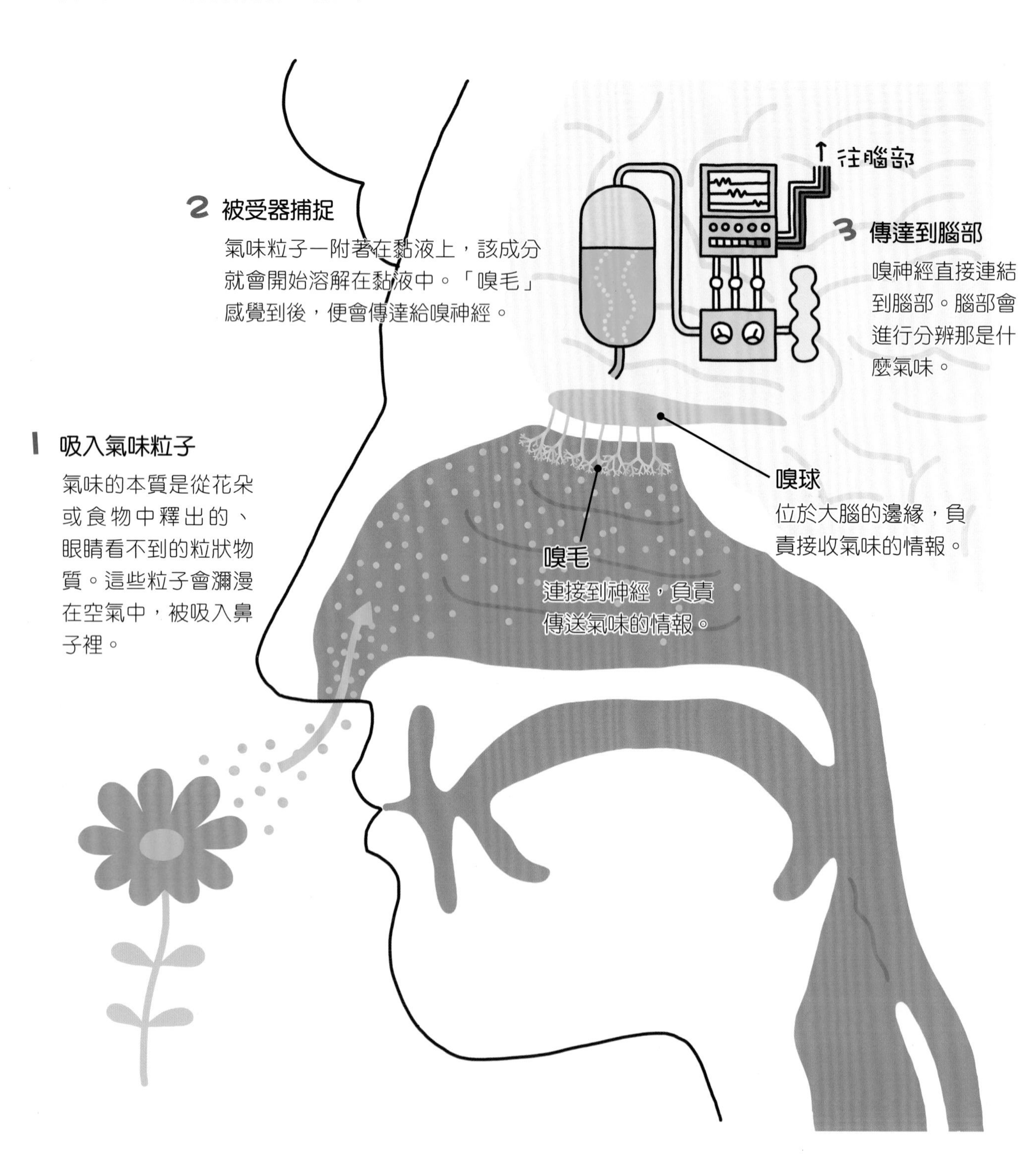

↑往腦部
2 被受器捕捉
氣味粒子一附著在黏液上，該成分就會開始溶解在黏液中。「嗅毛」感覺到後，便會傳達給嗅神經。
3 傳達到腦部
嗅神經直接連結到腦部。腦部會進行分辨那是什麼氣味。
1 吸入氣味粒子
氣味的本質是從花朵或食物中釋出的、眼睛看不到的粒狀物質。這些粒子會瀰漫在空氣中，被吸入鼻子裡。
嗅球
位於大腦的邊緣，負責接收氣味的情報。
嗅毛
連接到神經，負責傳送氣味的情報。

人體的博聞報導

嗅覺受器的發現

曾經有很長的一段時間，科學家一直不明白人體感覺氣味的構造。琳達・巴克博士認為，既然眼睛有感覺亮度和顏色的受器，那麼鼻子應該也有和它相似的東西。研究的結果，發現鼻子有347個感覺氣味的受器。而巴克博士也在2004年獲得諾貝爾獎。

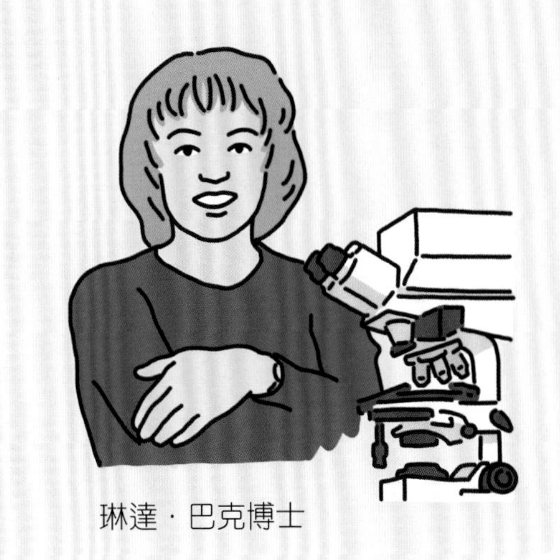

琳達・巴克博士

生物的

驚奇報導

鼻子在哪裡？

昆蟲的觸角有鼻子的功能，可以自由擺動，感覺氣味和溫度。魚類是用眼睛前方的4個孔穴嗅聞氣味的；當水流經孔穴時，就能捕捉溶在水中的成分。蛇類則是用嘴巴裡面的特別部位來感覺空氣的氣味。氣味的分子會黏附在舌頭前端，再藉由舌頭移轉氣味分子到該特別部位上。

生物的

驚奇報導

能夠嗅出癌症的狗

據說狗嗅聞氣味的能力是人類的100萬倍。經過訓練後，牠們更能發展這項能力，活躍在偵察等方面上。目前也有狗能夠從人的尿液中所含的微量氣味，判別這個人是否患有癌症。有一隻名為Marine的狗，甚至能夠發現非常小的癌細胞。

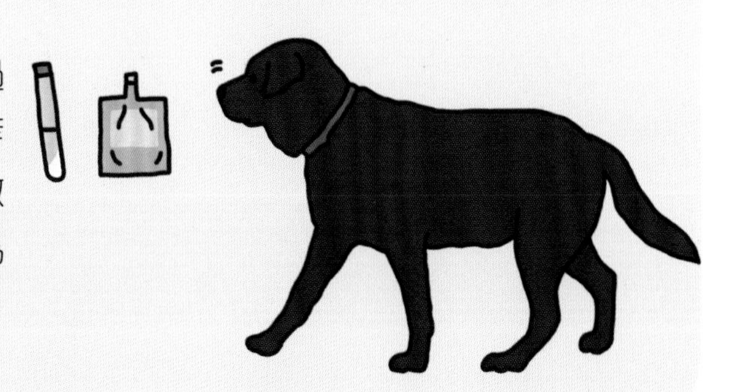

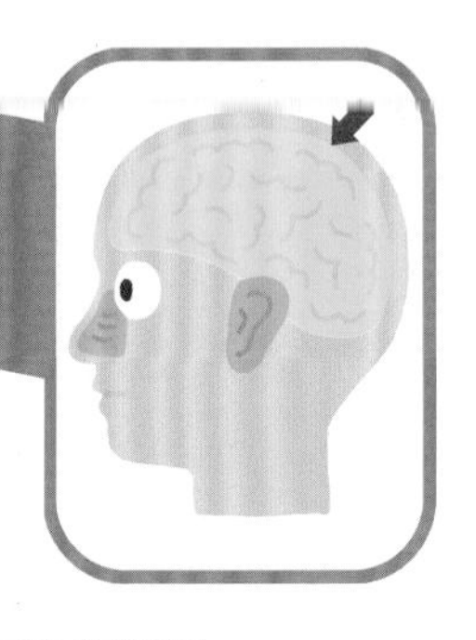

身體和心理的控制中心

腦部

或看或聽，或走或躺；或者起床，或者小便；或是高興，或是難過。
這一切的一切，如果沒有腦部的運作就做不到了。
要活出人的樣子，不能缺少的就是腦部。

博士，我們不能進去腦裡面看看嗎？
那是不可能的。
摸摸

因為在頭骨裡面，還有3層膜包覆著～
拿出
腦部

所以就讓我們用透視照相機來瞧瞧吧！
好的，知道了～
我要看我要看～
哇！

腦部會在孩童時期發育

剛出生的嬰兒的腦部大約是400公克，但是在6歲之前的這段期間，就會長到成人腦部百分之九十的重量。並不是因為神經細胞（→82頁）的數量增加了，而是因為形成傳達情報網的部分成長了的關係。

保護腦部的3層膜

腦部就像豆腐一樣鬆軟Q彈。因為很容易損壞，所以外圍有一圈又圓又硬的「頭蓋骨」（→87頁），其內側也有3層膜加以包覆。第2層的「蛛網膜」有如蜘蛛絲般，中間的隙縫有水（從血管中滲出的液體），具有緩衝器的作用。

400公克

嬰兒

1000公克
3歲

1200公克
6歲

1300公克
10歲

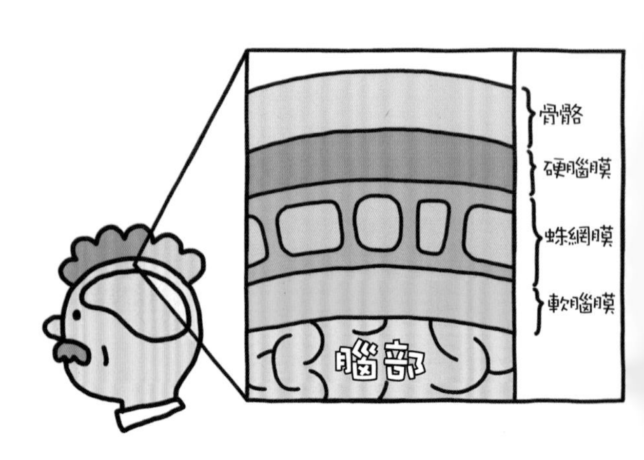

骨骼
硬腦膜
蛛網膜
軟腦膜
腦部

腦的構造

腦大致分成4個部分。大腦、小腦、腦幹、間腦。間腦位於腦部的正中央，在下圖中是看不到的。大腦分成右腦和左腦，其間連接著很多像線一樣的神經細胞軸。左腦精於文字和語言、計算，右腦則善於迅速理解物體的位置和形狀。

右腦
左腦
5×6÷2+3=

如果展開皺褶，會有1張報紙那麼大！

腦部成長的速度比頭骨成長的速度快，而且腦的外側也長得比內側快。一般認為，腦部的皺褶就是因為這樣而形成的。如果把大腦的皺褶整個展開，大約會有1張報紙那麼大。

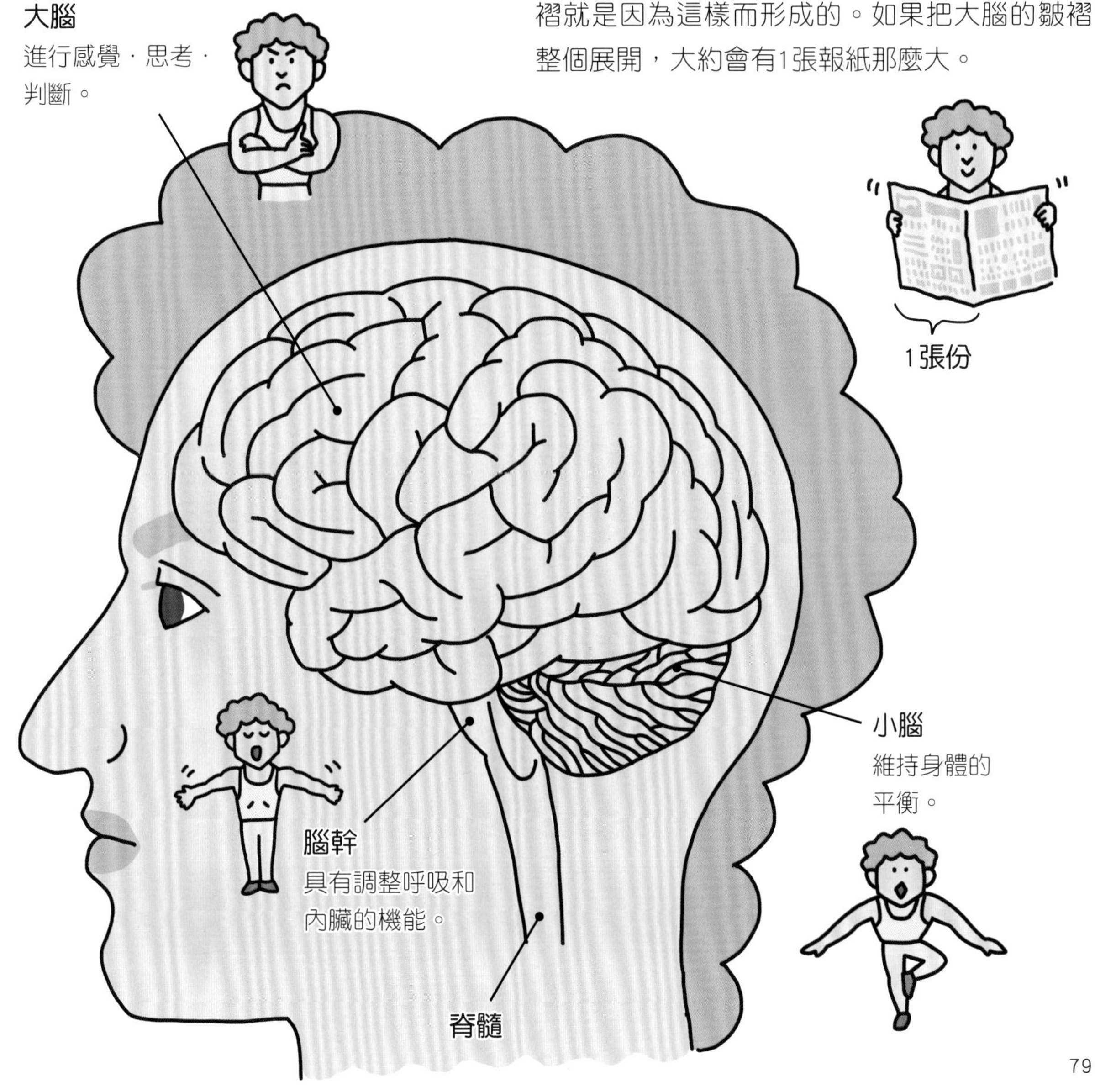
大腦
進行感覺．思考．判斷。
1張份
小腦
維持身體的平衡。
腦幹
具有調整呼吸和內臟的機能。
脊髓

大腦的機能

大腦如圖般分成4個部分，各有不同的機能。能發揮該圖示機能的是大腦表面的部分。在大腦內部則有等同蛇或烏龜等爬蟲類和其他動物也有的腦部功能，用於判斷「喜歡」、「討厭」、「想睡」、「想吃」等。

沒有用線圈起來的部分也會進行作用。由用線圈起來的部分收集各式各樣的情報，進行複雜的判斷。

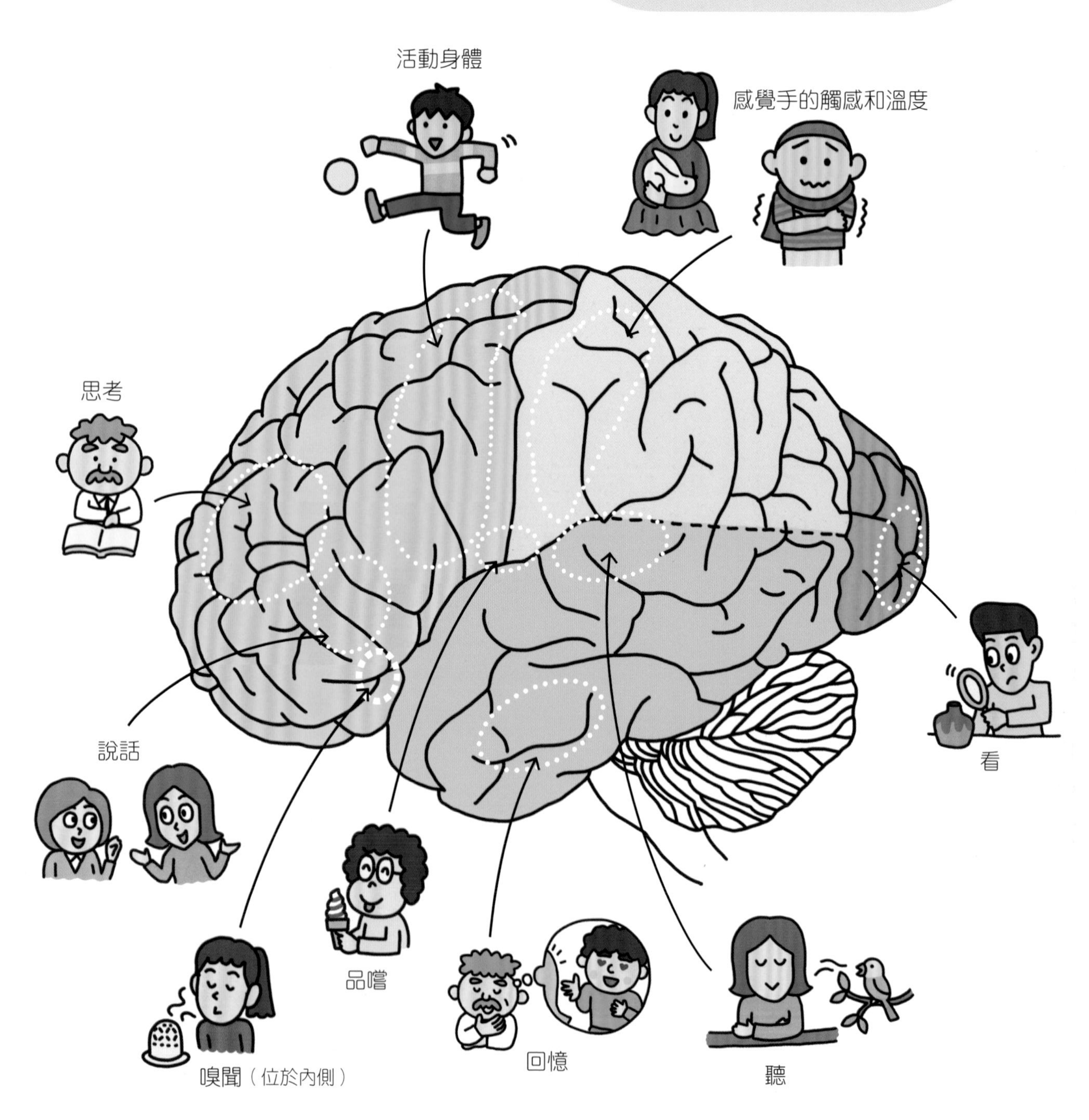

活動身體
感覺手的觸感和溫度
思考
說話
看
品嚐
嗅聞（位於內側）
回憶
聽

「發現鍬形蟲了！」當下腦部是如何運作的？

發現停在樹上的鍬形蟲，想要捕捉的時候，在腦子裡是以如右圖中所示的順序來傳送情報，將命令送達手上的。由此可知，即使是非常普通的動作，也會使用到整個腦部。

看見
確認顏色和形狀
是鍬形蟲！！
停在哪個位置？
進行判斷
想伸手去抓
將信號送往脊髓

腦子越重，頭腦越好？

腦子的重量，會因人而有些微的差異。日本人的平均重量如圖所示，女性比較輕一點，不過神經（→82頁）的數量並沒有太大的差異。也就是說，腦子越重，並不代表就越聰明。順帶一提，夏目漱石的腦有1425公克，愛因斯坦的腦則有1230公克。

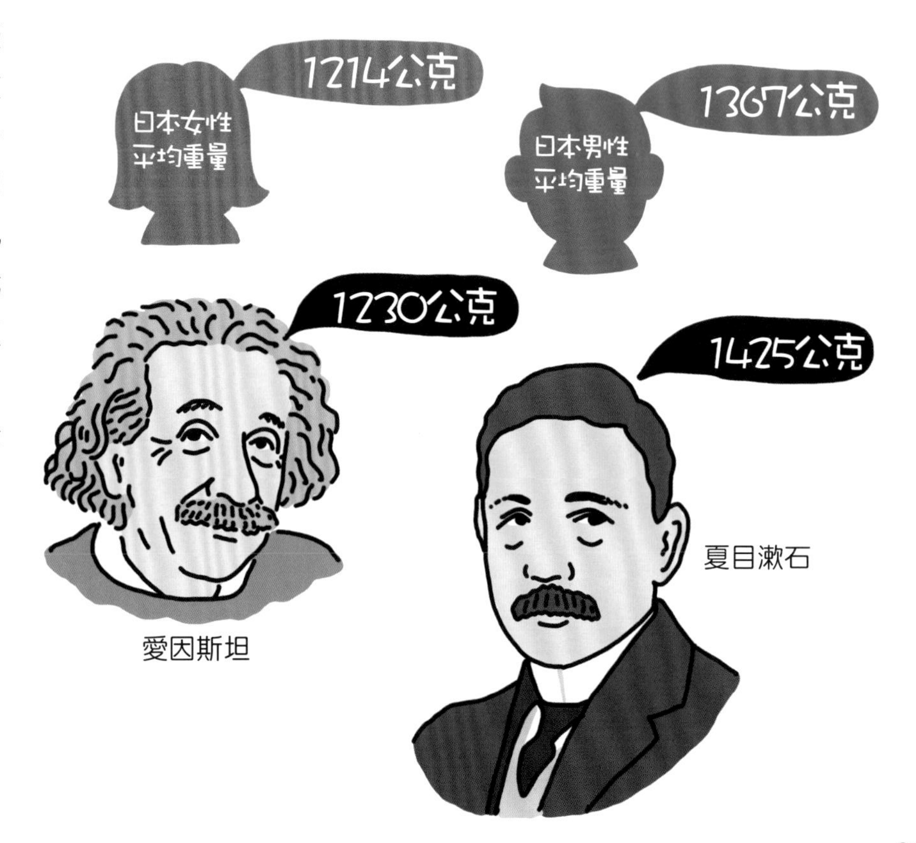

日本女性平均重量
1214公克
日本男性平均重量
1367公克
1230公克
愛因斯坦
1425公克
夏目漱石

100萬公里的網路

「神經」是身體裡面傳送各式各樣情報的通路。尤其是腦子裡面更有大量的神經像網狀一樣綿密的連結。如果將腦部各個角落的神經全部伸展開來的話，長度可達100萬公里。

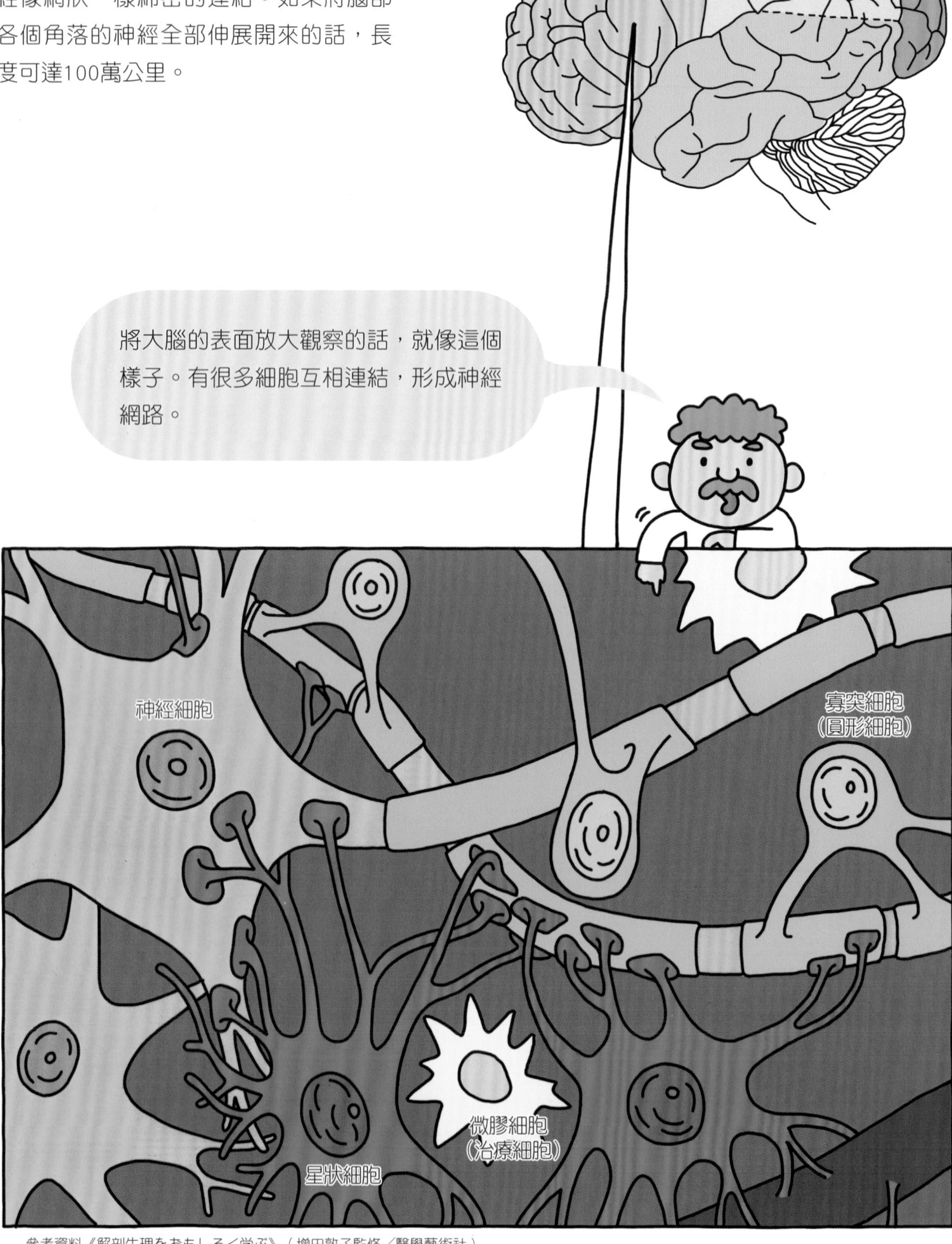

將大腦的表面放大觀察的話，就像這個樣子。有很多細胞互相連結，形成神經網路。
神經細胞
寡突細胞
（圓形細胞）
微膠細胞
（治療細胞）
星狀細胞

參考資料《解剖生理をおもしろく学ぶ》（增田敦子監修／醫學藝術社）

網路的主角・神經細胞

從本體伸出軸突，以末端分枝的部分和其他的神經細胞做連結。腦部有超過1000億個神經細胞，彼此的連結非常複雜。細胞會以1秒鐘100公尺的速度，迅速地將全身傳來的情報傳送到腦的各處。

神經細胞本體

軸突

比新幹線還要快，真是驚人的速度！

幫助神經細胞的同伴

在神經細胞網的空隙也有許多細胞，可以幫助神經細胞作用。

②星狀細胞

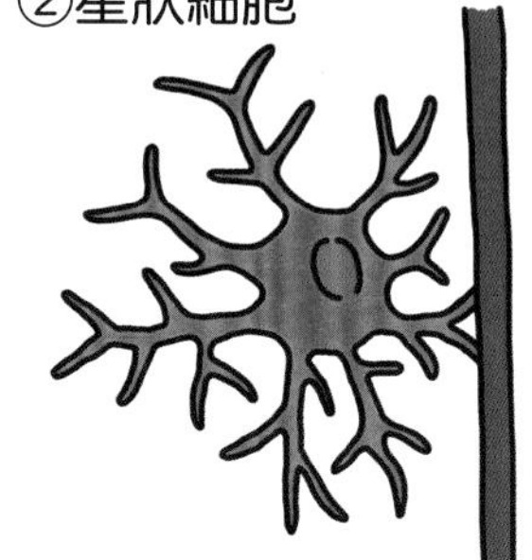

連結血管和神經細胞，負責運送營養。

①寡突細胞（圓形細胞）

負責包覆神經細胞的軸突。

③微膠細胞（治療細胞）

負責修復神經細胞壞損的地方。

生物的
驚奇報導

腦部比一比

來比較看看動物的腦部重量吧！抹香鯨的腦有9.2公斤，大象的腦也有6公斤。只不過，如果將牠們各自的身體和腦部的比例做比較，可以發現牠們的身體很大，但腦部卻很小。人腦大約佔了體重的50分之1，在與身體的比例上算是又重又大的。

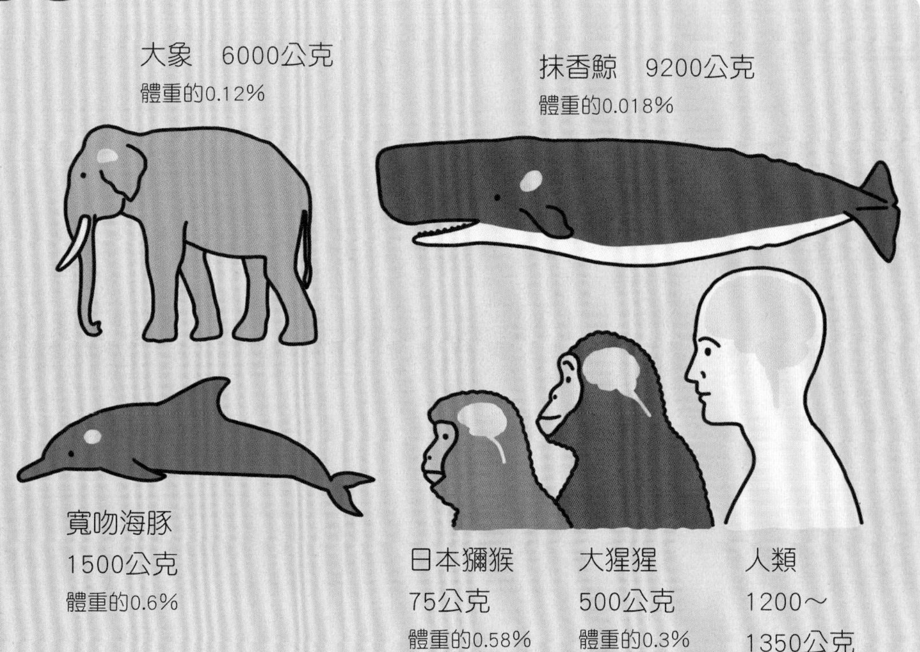

大象　6000公克
體重的0.12%
抹香鯨　9200公克
體重的0.018%
寬吻海豚
1500公克
體重的0.6%
日本獼猴
75公克
體重的0.58%
大猩猩
500公克
體重的0.3%
人類
1200～
1350公克
體重的1.93%

微旅程 特別篇

骨骼和肌肉的觀察

本單元審定者：蘇炳睿 醫師

1
呼
哈
呼
哈
2
呼——!!
大衛的力氣怎麼會那麼大呢!?
好強!
3
哈哈哈哈
這點算是小case而已啦~
強壯
有力
哇哈~
哇~!!
搖來~
晃去~
4
肌肉滿滿
好厲害!這裡面到底是什麼樣子呢?
5
那麼…就用這個「骨骼照相機」來看看吧!!
拿出
骨骼照相機?
耶——

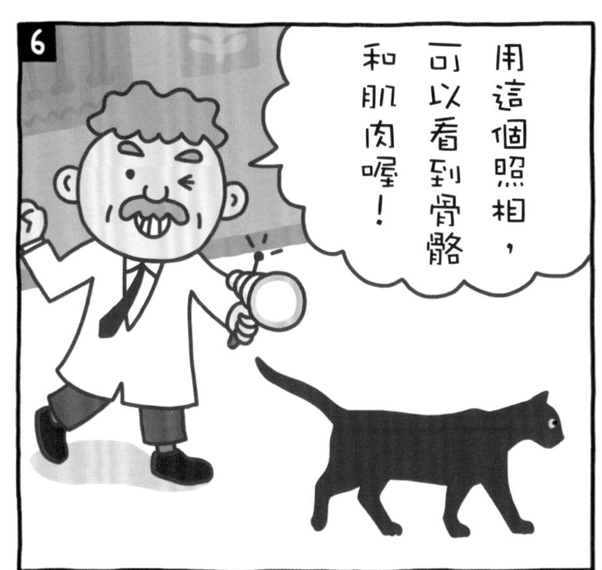
用這個照相，可以看到骨骼和肌肉喔！

怎麼樣啊？
是骨頭！
好厲害！

我照
就是現在！
這樣的也能拍哦！
呼啊～
哇～犬齒好可怕呀！

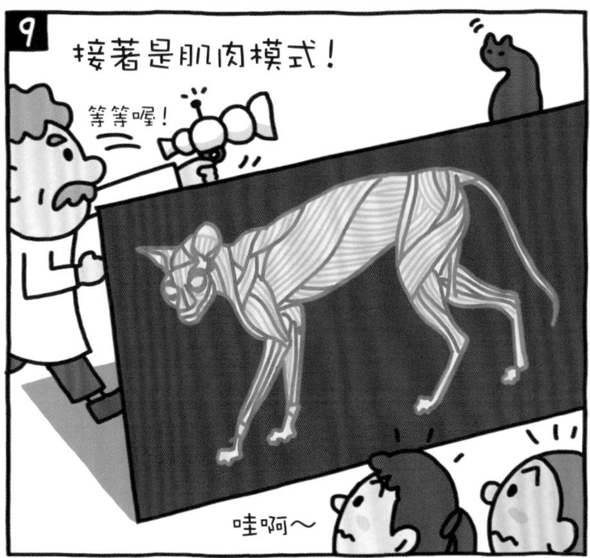
接著是肌肉模式！
等等喔！
哇啊～

那接下來就要觀察大衛啦～
好的，請看！
太好了～

支撐身體並保護內臟

骨骼

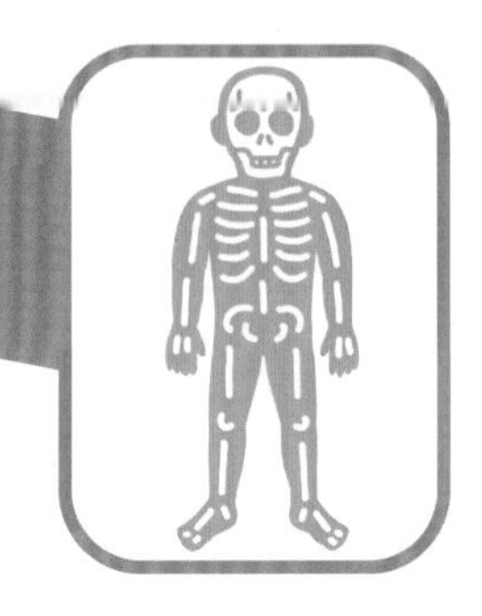

骨骼可以支撐身體，保護腦部和肺部、胃腸等內臟。
除此之外，還有製造血液、儲存身體所需鈣質的功能。

大衛→
骨頭是白色的，難道沒有血液流過嗎？

當然有血管通過啊！
骨頭可是活著的喲！

那麼就來看看吧！
翻開
好耶～

骨骼的數量沒有一定!?

人類的骨骼數量大約是206塊。例如，位在臀部像尾巴一樣的「尾骨」，其數量就因人而異，有3～5塊。剛出生的嬰兒的骨骼，因為還沒有確實連接，所以會超過300塊。

大骨骼・小骨骼

人體中最大的骨骼是大腿的骨骼「股骨」；以成年男性來說，長度大約是45公分。最小的骨骼是耳朵中的「鐙骨」（→69～71頁），長度大約只有3公釐。我們的身體就是由這200多根形狀大小各異的骨骼組合而成的。

骨骼竟然
多達300塊～

最小！
最大！
我們是骨骼姊妹花！

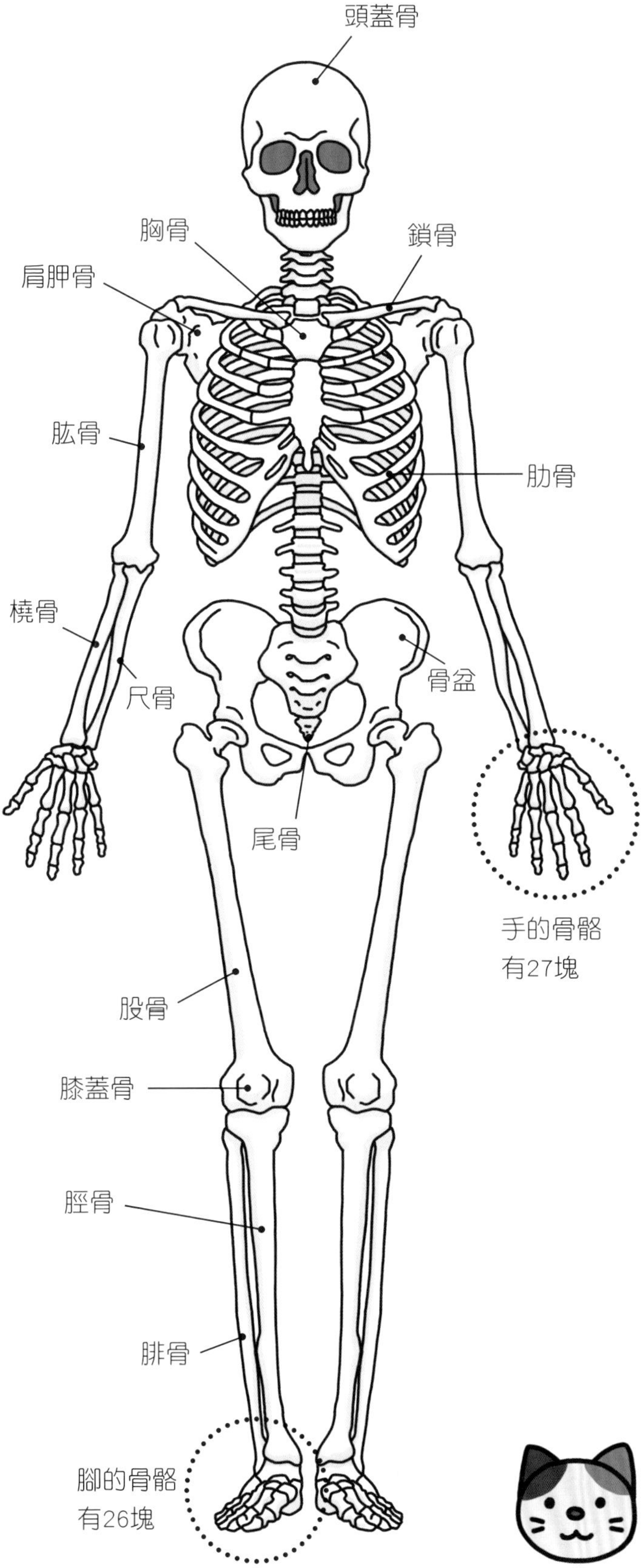

頭蓋骨
胸骨
鎖骨
肩胛骨
肱骨
肋骨
橈骨
尺骨
骨盆
尾骨
手的骨骼
有27塊
股骨
膝蓋骨
脛骨
腓骨
腳的骨骼
有26塊

23塊立體拼圖

頭骨是由23塊骨骼組合成圓形的。骨骼的末端呈鋸齒狀，互相緊密嵌合。骨骼和骨骼之間有像線一樣的纖維連結，絕對不會散開。為了保護重要的腦部，這裡的構造極為堅硬。

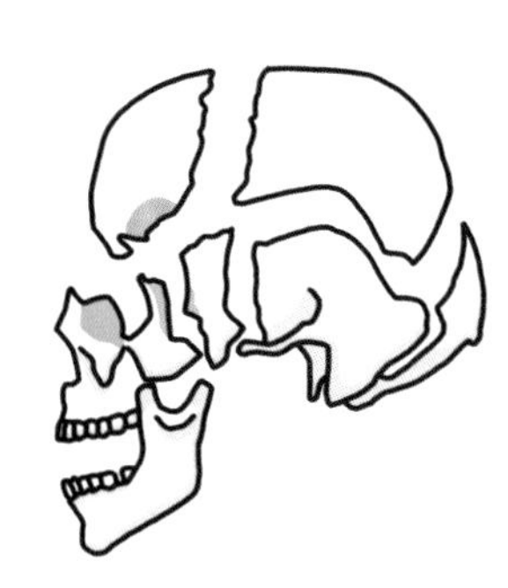

33層樓高的S形塔

脊椎是通過背部正中央的大骨，約有33塊骨骼互相連結形成S型的弧度。在正中央有個大洞，裡頭是稱為「脊髓」的神經束。脊髓連接腦部和身體，是非常重要的神經電纜線。

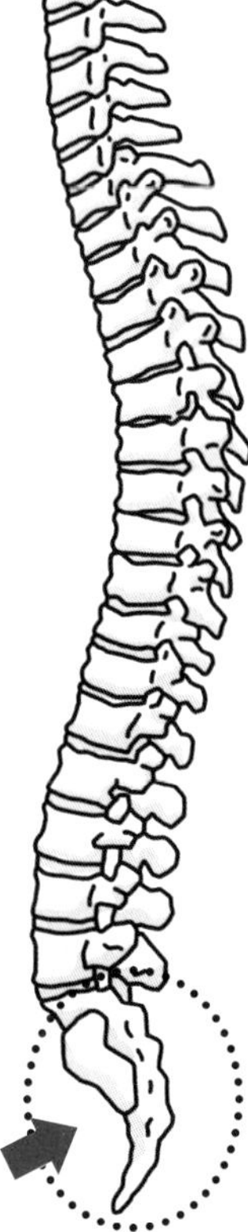

這裡本來是尾巴的骨骼喲！

骨骼的連結處・關節

身體有許多像手肘、膝蓋、手指、腳趾等可以彎曲或轉動的地方，這些地方稱為「關節」。形成關節的骨骼們會以非常強韌、像橡膠般又薄又硬的東西彼此互相連結。

關節有好幾種種類，分布在身體不同的部位，能讓身體靈巧的活動，但有些活動方向是固定的。

肩膀根部

頸部和手肘
的上方等

大拇指的
根部

手腕

大腿根部

膝蓋的構造

大腿和小腿的關節間有稱為「韌帶」的筋連繫著。不僅如此，裡面還有保護軟骨和關節的液體，讓骨頭之間不會互相摩擦，能夠順利地活動。

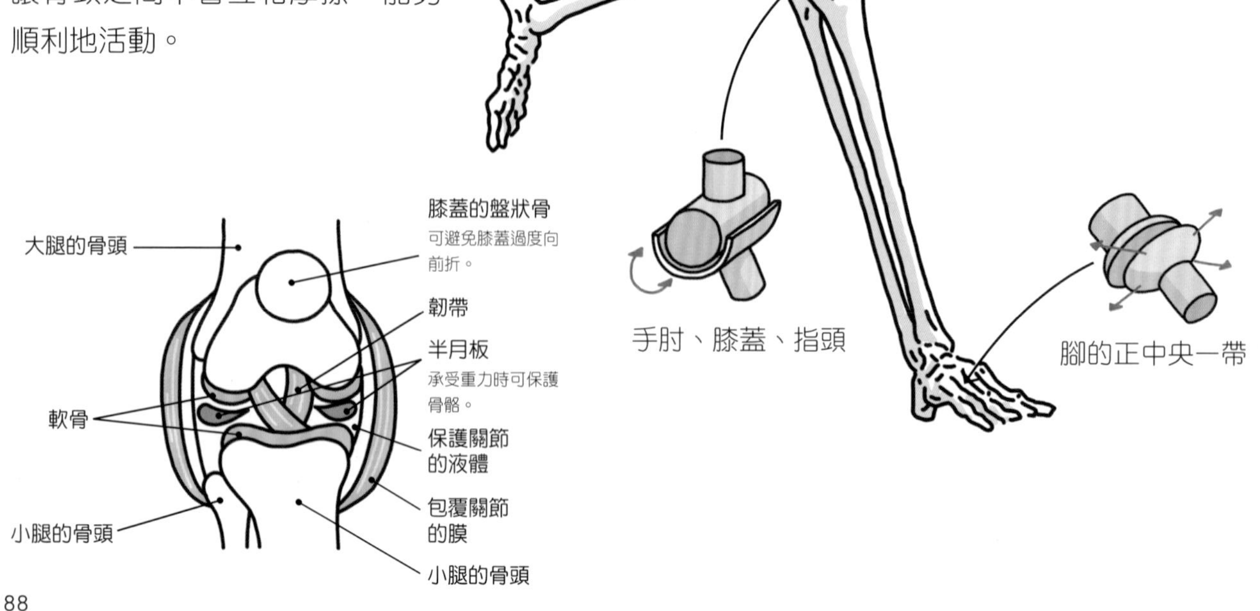
大腿的骨頭
膝蓋的盤狀骨
可避免膝蓋過度向前折。
韌帶
半月板
承受重力時可保護骨骼。
軟骨
保護關節的液體
包覆關節的膜
小腿的骨頭
小腿的骨頭
手肘、膝蓋、指頭
腳的正中央一帶

骨頭的構造

像海綿一樣的網狀構造

骨髓

將骨頭對切開來可以發現，末端是像海綿般的網狀，正中央的部分則有造血的「骨髓」。紅血球就是在這裡製造的，從這裡進入血管。這種像長管般的形狀，能夠承受來自上方的壓力，減輕並強化骨骼。

質輕但強韌！

骨骼和牙齒一樣都是由「鈣」所構成的，是身體僅次於牙齒的堅硬部分。要支撐身體，一定要夠堅硬才行；但若只有硬度的話，很容易一下就折斷。因此，裡面會有好幾條由蛋白質形成的有如韌線般的纖維穿過，支撐著骨骼。這些纖維讓骨骼有些微的柔軟度，使其變得不容易折斷。

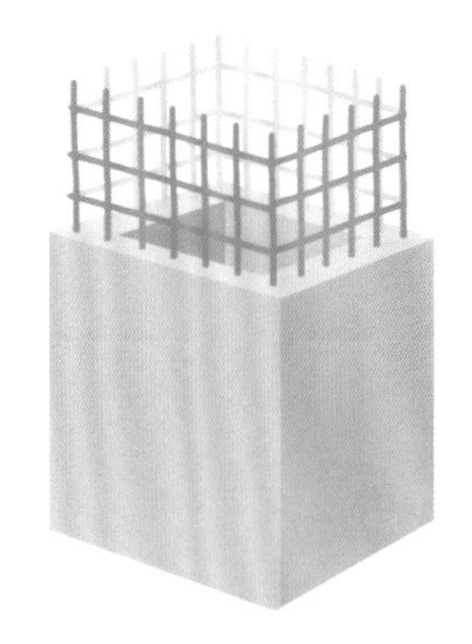

骨骼是造血工廠

「骨髓」是製造紅血球和白血球、血小板等血液的地方。一天會製造2000億個紅血球，運送到全身。

1天
2000億

生物的
驚奇報導

胸鰭、腹鰭變成了手腳!?

包含我們人類在內，大多數的動物都有手腳。這4隻手腳，是從遠古魚類的胸鰭和腹鰭進化而成的。在3億多年以前，誕生了魚鰭有如手腳般、能夠走路前進的生物，那就是青蛙類的祖先。之後經過漫長的時間，最後才演變成擁有手腳的動物。

遠古的魚類．新翼魚

青蛙的祖先．魚石螈

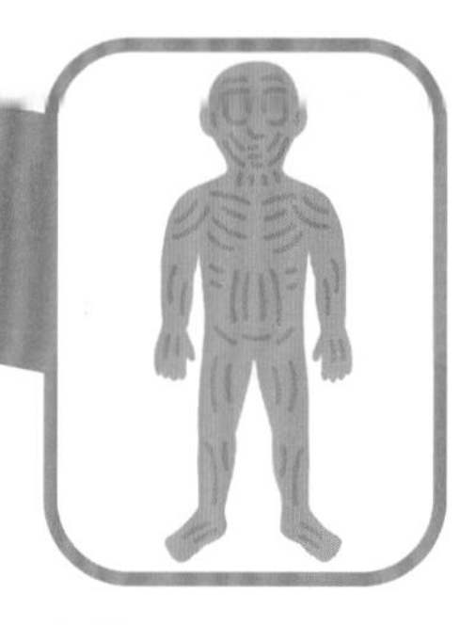

活動身體的主角

肌肉

我們會藉由肌肉的伸縮來活動身體。支撐身體的「軸」是骨骼，而加以活動的則是肌肉。要同時擁有骨骼和肌肉，我們才能進行跑步或是拿取東西等動作。

可以用肌肉模式照一下博士的臉嗎？
會拍出什麼樣子呢～
可以喲！

出——現!!
哇～

因為有許多肌肉，所以能做出各種奇怪的表情喔～

肌肉可以分成3種哦！

不只是手腳，肌肉也負責心臟和胃腸等內臟的活動。肌肉大致可分成3種，各自的特長和功能都不相同。

①心臟的肌肉

稱為「心肌」，只位在心臟，一輩子都會持續動作。

③活動身體的肌肉

連結骨骼和骨骼，可以自行活動的肌肉。能夠突然做出動作，但卻不善於長時間的持續活動。

②胃腸的肌肉

形成胃腸、血管壁的肌肉，會緩慢長時間地持續動作。

大約佔了體重的一半！

將全身的肌肉重量加起來，大約是體重的一半。大腿和臀部等，腰部以下都是大塊的肌肉，以支撐體重。

此外，當身體不活動時，肌肉也會產生大量的熱，因此也有維持體溫的機能。

其他
肌肉

確認看看！身體的肌肉

人的身體有多達300種、650塊的肌肉。除了背側之外，從表面看不到的身體內側也有肌肉。請一邊跟著活動身體，確認圖中的肌肉位置吧！

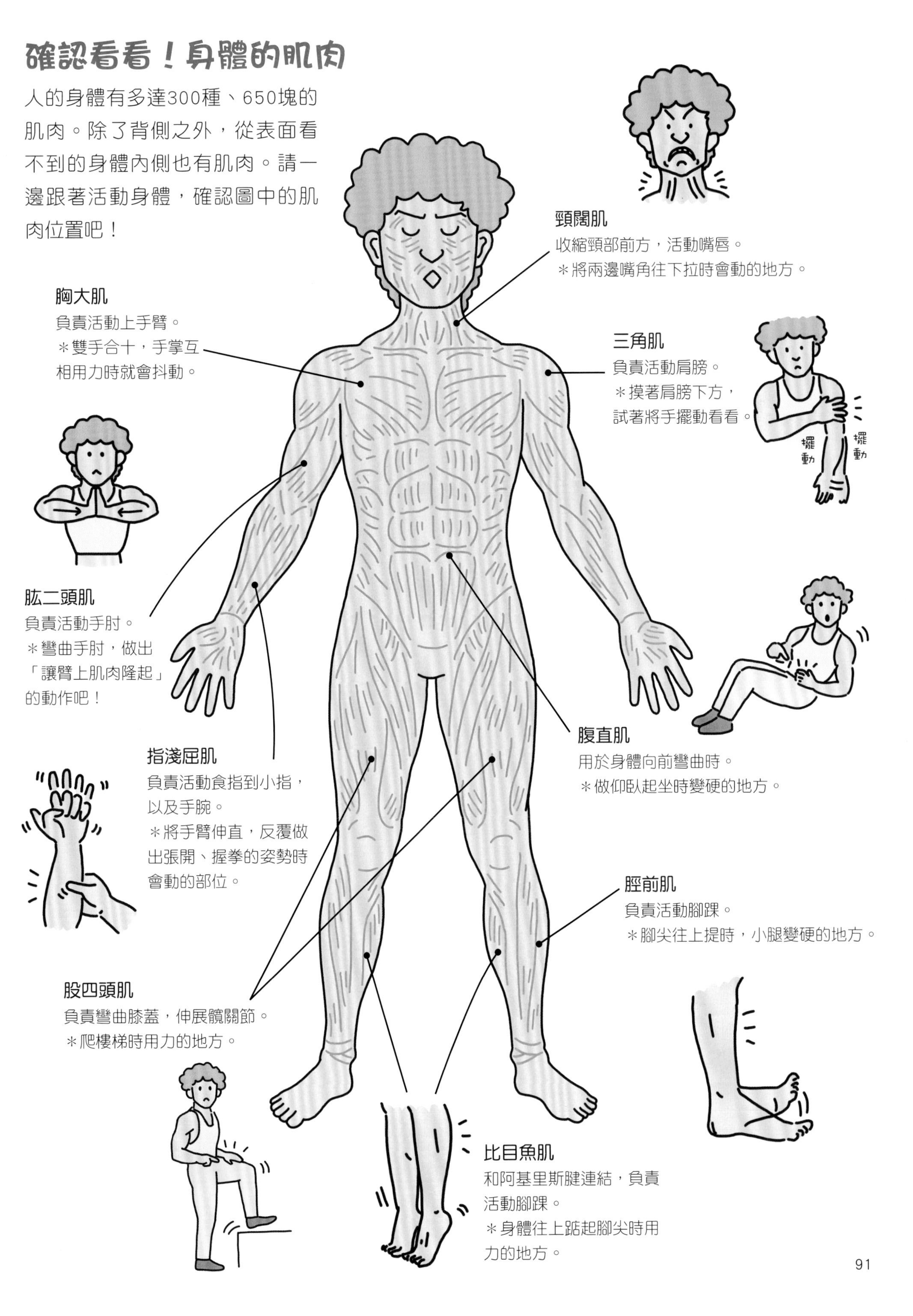

頸闊肌
收縮頸部前方，活動嘴唇。
＊將兩邊嘴角往下拉時會動的地方。
胸大肌
負責活動上手臂。
＊雙手合十，手掌互相用力時就會抖動。
三角肌
負責活動肩膀。
＊摸著肩膀下方，試著將手擺動看看。
擺動
擺動
肱二頭肌
負責活動手肘。
＊彎曲手肘，做出「讓臂上肌肉隆起」的動作吧！
腹直肌
用於身體向前彎曲時。
＊做仰臥起坐時變硬的地方。
指淺屈肌
負責活動食指到小指，以及手腕。
＊將手臂伸直，反覆做出張開、握拳的姿勢時會動的部位。
脛前肌
負責活動腳踝。
＊腳尖往上提時，小腿變硬的地方。
股四頭肌
負責彎曲膝蓋，伸展髖關節。
＊爬樓梯時用力的地方。
比目魚肌
和阿基里斯腱連結，負責活動腳踝。
＊身體往上踮起腳尖時用力的地方。

負責連結骨骼和骨骼，進行活動

大部分的肌肉，兩端都緊附在骨骼上，在該處形成堅韌的繩狀，稱為「肌腱」。位於腳跟上方的阿基里斯腱，是身體中最大、最強韌的肌腱。

藉由肌肉的收縮，我們就能活動骨骼，活動身體。

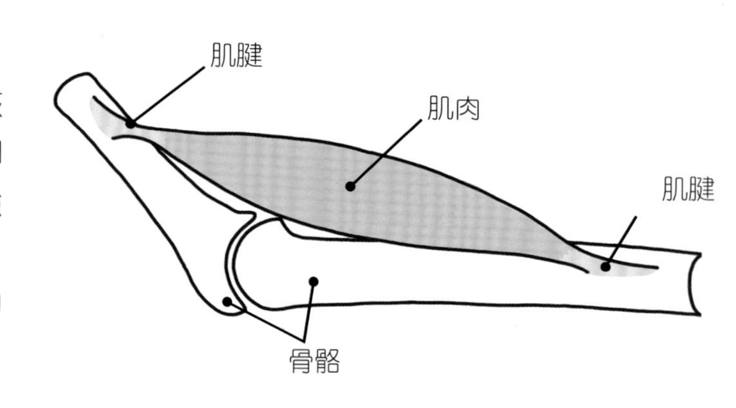
肌腱
肌肉
肌腱
骨骼

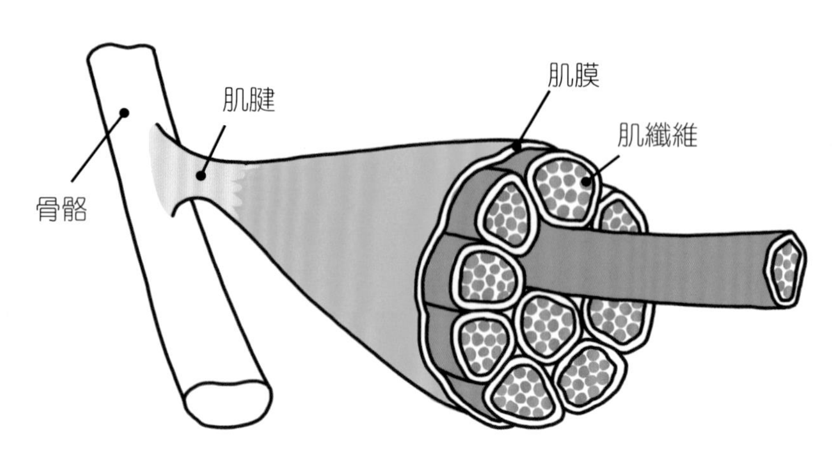
肌膜
肌腱
肌纖維
骨骼

由細纖維束所形成的肌肉

肌肉是由大約0.01～0.1公釐、彷彿細線般的「肌纖維」聚集而成的。這種像線一樣的東西會好幾條聚集成束，再由好幾束聚集在一起，被肌膜包覆成一塊，就成為肌肉。

肌肉為什麼會隆起？

當肌肉纖維非常用力時，形成纖維的細胞就會受傷。受傷的部分會聚集修復細胞而復原，復原後的纖維會變得比之前更粗更壯。運動選手的肌肉都很健壯，就是因為這個緣故。

用力。

形成纖維的細胞受傷。

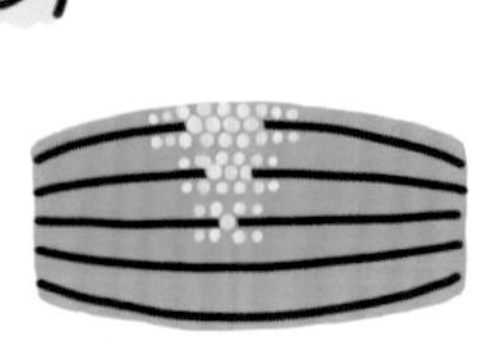

修復傷處的細胞聚集起來。

纖維變得粗壯。

身體活動的原理

我們之所以能自由地活動肌肉，是因為腦部發出的命令會經由神經傳達到肌肉的緣故。如果沒有來自腦部的命令，肌肉就完全無法動作。

命令變成電訊，從腦部傳送到脊髓，再進一步傳送到和手臂肌肉連結的神經上，手臂就會開始動作了。

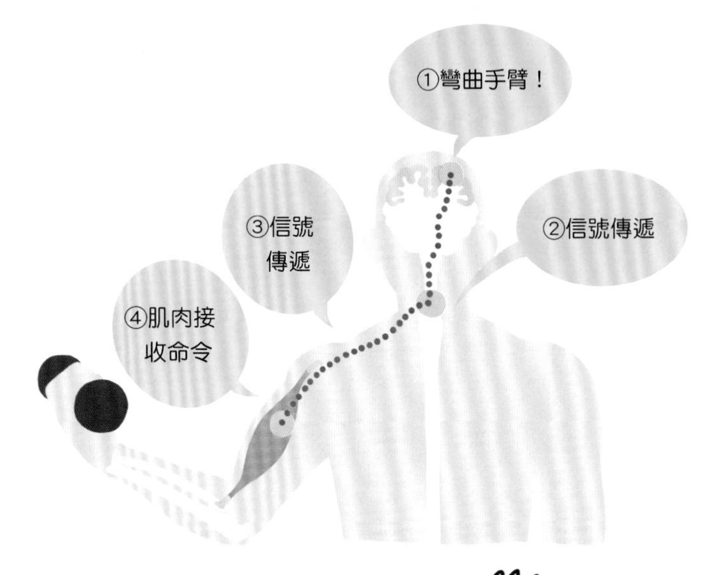
①彎曲手臂！
②信號傳遞
③信號傳遞
④肌肉接收命令

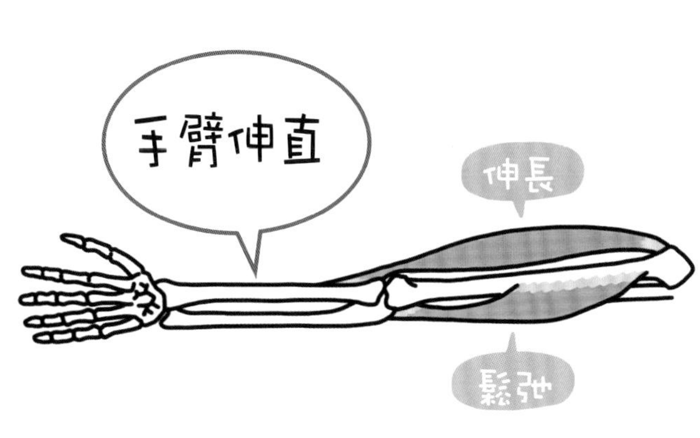
手臂伸直
伸長
鬆弛

在命令送達之前，上面的肌肉會伸長，下面放鬆。

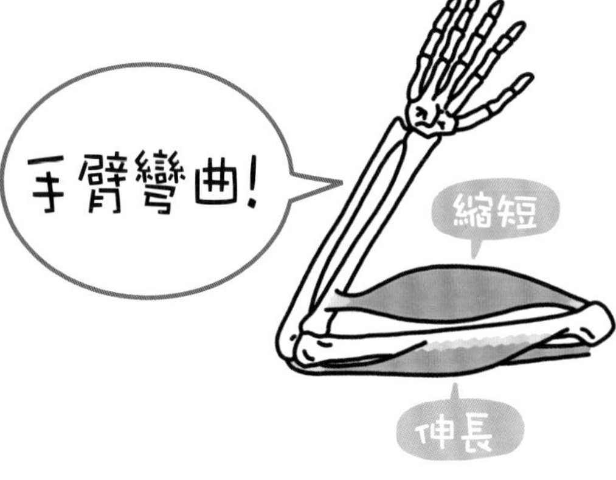
手臂彎曲！
縮短
伸長

收到命令的肌肉縮短，與此同時，相反側的肌肉則會伸長。由於手肘以下的骨骼也會被拉動，所以手肘就彎曲了。

生物的
驚奇報導

紅色肌肉・白色肌肉

肌肉有看起來呈紅色的部分和看起來呈白色的部分。紅色的肌肉擅長長時間持續活動，白色肌肉則擅長突然敏捷的活動。

人的肌肉是由這2種肌肉像馬賽克般組合而成的。若是以魚類來看，就會更清楚了。長距離洄游的鮪魚、鰹魚等是以紅肉居多；而平常不太活動，只會在危急時迅速逃走的比目魚、鰈魚等則是以白肉居多。

內含很多和紅血球中的蛋白質非常相似的物質，所以看起來是紅色的！

該物質少，所以看起來是白色的！

人體大探險之旅・結束

身體是由各種器官發揮不同的機能而組成的。
這趟旅程讓人深深體會身體真的太神奇了！

各位辛苦了。這次的旅行就在此結束了～大家覺得好玩嗎？
好玩～～

那麼大家來吃點心吧！乾杯～

乾杯～
太棒了～
辛苦了～
耶～
謝謝～

你真的很愛吃呢～
津津有味
大口大嚼
哦～
大衛吃了好多仙貝呢！
胃液會溶解仙貝喲！接著再送進十二指腸。

呼啊～
開始打起
呵欠來了！
有空氣進入
7億5000萬個
肺泡裡了！

如此如此
這般這般
嗯嗯……
現在又拿出
艱澀難懂的
書了～
正在使用
大腦前面的
部分呢！

各位！現在大家都能
用另一種有趣的觀
點來看待事物了！

身體還藏著許多的謎題和
秘密等待著各位的探險喔！
那就下次見了！

我們會再來的！
全書完

發現身體的祕密！

監修／笹山雄一
理學博士。任職過富山大學理學院教授、金澤大學理學院教授、金澤大學環日本海域環境研究中心教授。目前為該中心合作研究員。著書有：《人体探求の歴史》、《脳と人体探求》（皆為築地書館）。

繪圖／西本修
熱愛棒球和地圖。擔任工作坊或博物館的展示指導員等，目前多方活躍中。最近也開始製作染色作品。繪本有《世界一周なぞなぞ絵本》（世界文化社）、《3ぷんこうさく50》（學習研究社）等。

構成・撰文／清水洋美
任職於出版社後，以自由作家的身分，從事與自然科學相關的兒童書籍為主的企劃・編輯・執筆。代表作品有《ずかんプランクトン》、《ずかん文字》（技術評論社）等。

主要參考文獻
《人体探求の歴史》笹山雄一／築地書館
《脳と人体探求》笹山雄一／築地書館
《新版からだの地図帳》監修・佐藤達夫／講談社
《解剖生理をおもしろく学ぶ》監修・増田敦子／医学芸術社
《驚異の人体》デビッド・マコーレイ　翻訳・堤理華／はるぶ出版
《動く図鑑 MOVE 人体のふしぎ》監修・島田達生／講談社

國家圖書館出版品預行編目資料

人體大探險 / 笹山雄一監修 ; 西本修繪圖 ; 彭春美譯.
-- 二版. -- 新北市 : 漢欣文化, 2020.08
96面 ; 26x19公分
ISBN 978-957-686-797-2(精裝)
1. 人體學　2.通俗作品

397　　109009493

微旅程1＋特別篇 審定／蘇炳睿
台北醫學大學醫學系畢業 奇美醫院一般科住院醫師 成大醫院外科住院醫師 成大醫院消化道外科總醫師

微旅程2 審定／林奇樺
台灣大學醫學系畢業 台大醫院家庭醫學部住院醫師 衛生福利部金門醫院主治醫師 金門縣金湖鎮衛生所醫師兼主任 好心肝健康管理中心家庭醫學科主治醫師

微旅程3 審定／杜權恩
台灣耳鼻喉暨頭頸外科專科醫師 曾任台大及花蓮慈濟耳鼻喉部主治醫師 現為杜耳鼻喉科診所院長

定價350元

人體大探險（暢銷版）

監　　修 / 笹山雄一
繪　　圖 / 西本修
譯　　者 / 彭春美
出 版 者 / **漢欣文化事業有限公司**
地　　址 / 新北市板橋區板新路206號3樓
電　　話 / 02-8953-9611
傳　　真 / 02-8952-4084
郵撥帳號 / 05837599 漢欣文化事業有限公司
二版一刷 / 2020年8月

本書如有缺頁、破損或裝訂錯誤，請寄回更換